Shoira Khasanova

Geografia das relações económicas externas da República do Uzbequistão

Shoira Khasanova

Geografia das relações económicas externas da República do Uzbequistão

Teoria, análise e resultados

ScienciaScripts

Imprint
Any brand names and product names mentioned in this book are subject to trademark, brand or patent protection and are trademarks or registered trademarks of their respective holders. The use of brand names, product names, common names, trade names, product descriptions etc. even without a particular marking in this work is in no way to be construed to mean that such names may be regarded as unrestricted in respect of trademark and brand protection legislation and could thus be used by anyone.

Cover image: www.ingimage.com

This book is a translation from the original published under ISBN 978-620-7-84337-4.

Publisher:
Sciencia Scripts
is a trademark of
Dodo Books Indian Ocean Ltd. and OmniScriptum S.R.L publishing group

120 High Road, East Finchley, London, N2 9ED, United Kingdom
Str. Armeneasca 28/1, office 1, Chisinau MD-2012, Republic of Moldova, Europe
Printed at: see last page
ISBN: 978-620-8-10557-0

Sh.D.Khasanova

GEOGRAFIA DAS RELAÇÕES ECONÓMICAS EXTERNAS DA REPÚBLICA DO UZBEQUISTÃO COM PAÍSES PRÓXIMOS E LONGÍNQUOS

Teoria, análise e resultados

Uzbequistão-2024

A monografia analisa as relações económicas externas da República do Usbequistão com países próximos e longínquos em 2023. Além disso, foram estudadas e analisadas teorias relevantes e foram apresentadas conclusões relevantes.

A monografia é escrita com base na investigação do autor e consiste num conjunto vasto e sistemático de material comprovativo necessário para investigadores e interessados nas relações económicas externas.

INTRODUÇÃO

Atualmente, o desenvolvimento do comércio internacional entre países, a expansão e a melhoria da integração da produção são a causa de uma maior liberalização da atividade económica externa. As relações económicas externas são um sistema integrado que representa várias direcções, formas e meios de intercâmbio de riqueza material, financeira e intelectual entre países. Este é o sector mais complexo da economia de qualquer país e exige uma abordagem global para o seu desenvolvimento. A transição do Usbequistão para a independência política e para as relações de mercado, as alterações fundamentais na situação geopolítica do país e a aplicação de reformas económicas progressivas aumentaram significativamente o papel das relações económicas externas no desenvolvimento do país. Para o Uzbequistão, as relações económicas e comerciais não só com países distantes, mas também com vizinhos próximos, tornaram-se relações económicas externas. A este respeito, a importância do fator económico externo no desenvolvimento da economia nacional aumentou acentuadamente. Ao mesmo tempo, a natureza da atividade económica externa de algumas entidades económicas e do Estado como um todo mudou radicalmente em termos de quantidade e qualidade. A importância do fator económico externo resulta das mudanças de mercado que estão a ocorrer, das exigências da economia do país, da economia global e das novas bases de cooperação entre o mercado interno e o mercado externo que estão a ser formadas.[1]

O objetivo do trabalho de investigação é estudar e analisar as relações económicas externas activas, abertas e pragmáticas da República do Usbequistão com países estrangeiros próximos e distantes.

Para atingir este objetivo, a investigação assume as seguintes tarefas:

---

[1] Rahmatullayeva F.M, Abdulloyev A.J, Giyazova N.B, Narzullayeva G.S "Tashqi iqtisodiy faoliyat va raqobat menejmenti" guia de estudo. "Durdona" editor. Buxoro-2021

o Estudo e análise das relações económicas externas do Uzbequistão

o Estudo intercontinental. Nomeadamente:

+ Países da Ásia Central

+ Países da CEI

+ Países europeus

+ Países asiáticos

+ Países africanos

+ americano

Com base nos dados, estes são analisados em tabelas, diagramas e infografias. Foram realizados vários estudos sobre questões teóricas e práticas das relações económicas externas. Neste contexto, são de salientar os trabalhos de investigação realizados por Boguslavsky M.M., Vitver I.A., Wolff M.B., Maksakovskiy V.P., Abdusalyamov M.A., Nuriddinov E.N., Rasulov A.A., Soliyev A.S., Kayumov A.A., Sh.Z. Jumakhanov, Kh.S. Mirzaahmedov e outros.

O facto de a monografia se centrar nas caraterísticas geográficas supramencionadas das relações económicas externas consubstancia a importância científica e prática do tema de investigação e determina a sua relevância.

CAPÍTULO I. O PAPEL E O SIGNIFICADO DAS RELAÇÕES ECONÓMICAS EXTERNAS NO DESENVOLVIMENTO SOCIOECONÓMICO DOS PAÍSES

1.1 As relações económicas externas como elemento principal da economia mundial moderna. (Importância das relações comerciais externas na era da economia aberta e interligada).

As relações económicas externas estão essencialmente relacionadas com o desenvolvimento do comércio externo na economia mundial. O comércio externo foi criado em tempos muito antigos, e o seu desenvolvimento nas sociedades baseadas na economia natural é muito reduzido. As relações económicas externas são um sistema de várias formas de cooperação internacional do Estado e dos seus súbditos em todos os sectores da economia e noutras esferas de atividade. As entidades estatais incluem gestores de direitos e obrigações atribuídos pelo Estado. São regiões autónomas, entidades económicas independentemente da forma de propriedade (sociedades anónimas, empresas públicas, pequenas e médias empresas, empresas com investimentos estrangeiros, empresários privados, etc.). Por conseguinte, as relações económicas externas - produção, comércio, relações políticas e outras relações específicas de um país com outros países, com base na divisão internacional do trabalho e na especialização da produção e outros factores. As relações económicas externas resultam objetivamente do processo de divisão internacional do trabalho, da especialização da produção e da ciência, da internacionalização da vida económica. A formação e o desenvolvimento das relações económicas externas são determinados pelo reforço das relações mútuas e da interdependência de cada país.

O conteúdo económico da divisão internacional do trabalho é expresso nos métodos de organização da produção conjunta. Neste caso, as empresas de diferentes países especializam-se na produção de determinados bens ou serviços, e depois começam a separá-los. A troca de bens pode ser feita numa base monetária ou não monetária. Na maioria dos casos, a troca realiza-se principalmente de acordo com a primeira opção, ou seja, a parte que recebe o produto do estrangeiro paga todos os custos ao proprietário. As ofertas diversas, a ajuda humanitária, a coordenação dos trabalhos, o debate e a adoção de decisões comuns, o intercâmbio de experiências, a harmonização das normas a nível internacional, as medidas de proteção do ambiente, etc. são tipos de intercâmbio não monetários.

Assim, as relações económicas externas do Estado são estabelecidas em vários casos: comércio externo, ciência e tecnologia, produção, investimento, moeda, finanças e crédito, informação, cultura e desporto, transporte de recursos laborais.

Estes tipos de relações económicas externas podem ser combinados nas seguintes formas:

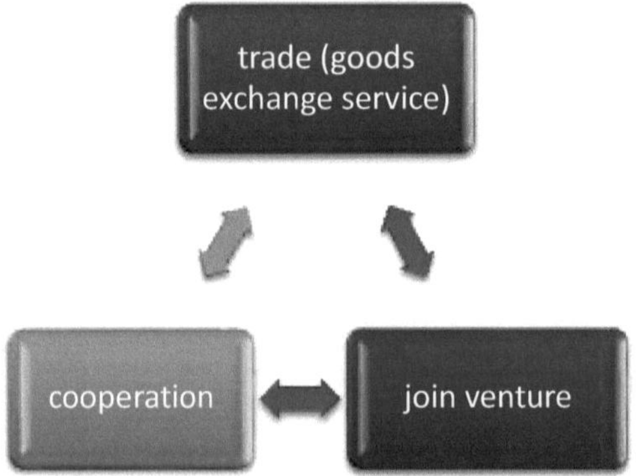

A atividade económica externa baseia-se no comércio externo, porque graças a essa atividade, os países terão a oportunidade de aumentar a eficiência da utilização dos seus recursos de produção. Os pontos de vista modernos sobre o comércio internacional incluem várias teorias. Vlar começa com a teoria da superioridade absoluta (1776) já descrita por Adam Smith. O teórico provou que cada país tem uma vantagem absoluta que lhe permite produzir certos tipos de bens e serviços a custos muito inferiores aos de outros países. Para que o comércio seja mutuamente benéfico, cada país deve ter essa vantagem absoluta, mas a produção deve ocorrer a partir de diferentes direcções de atividade. Esta é uma das principais condições para a especialização das actividades económicas dos diferentes países. A teoria de Smith sugere que quanto mais profunda for a especialização, maiores serão os lucros do país. "Fundamentos da economia política e da fiscalidade" de D. Ricardo. De acordo com a teoria das vantagens comparativas proposta em (1817), os países que não possuem vantagens absolutas também podem beneficiar do comércio externo (Figura 1).

1-figura: Fundadores da teoria absoluta e comparativa do comércio externo D. Ricardo (1772-1822) A. Smith (1723-1790)

O desenvolvimento desta teoria mostra a importância da contabilidade dos custos de substituição. Assim, já no século XIX, ficou provado que o aprofundamento da especialização conduz necessariamente à produção de uma unidade de produto adicional e acompanha o rápido crescimento dos custos de substituição. Isto significa que uma maior especialização deixará de ser adequada. Assim, a teoria das vantagens comparativas permite-nos tirar a seguinte conclusão: os maiores ganhos do comércio internacional ocorrem em condições de especialização parcial (e não completa!), ou seja, existem limites objectivos à especialização da produção na economia nacional. Conhecida como teoria de Heckscher-Ohlin[2] do comércio, a teoria prioriza não a produção, mas os recursos que entram nessa produção, pois os países tendem a exportar bens que têm um excedente de recursos em sua produção. Neste caso, é atribuído um papel importante ao fator de satisfação da procura interna com produtos que possuem recursos abundantes para a produção. Estas teorias requerem algumas correcções propostas pelo famoso economista americano Vasily Leontev[3] . Ele observa que os factores de produção não são os mesmos, estes factores são escassos ou podem ser considerados como factores múltiplos. Nos países industrializados, a mão de obra é relativamente limitada, e o excedente relativo de especialistas altamente qualificados é notável. Os países em desenvolvimento tendem a exportar produtos que exigem elevados custos de mão de obra não qualificada. Em ambos os casos, são exportados produtos de mão de obra intensiva. Mas têm um carácter diferente. Ao mesmo tempo, a exportação na maior parte dos países em desenvolvimento ricos em recursos naturais requer muito investimento, porque a extração de matérias-primas exige muito dinheiro. Mais tarde, surgiu uma teoria de marketing, que explica a direção do comércio externo com base na teoria do ciclo de vida dos bens. De acordo com esta teoria, o ciclo de vida de qualquer produto consiste em várias fases: introdução, crescimento, maturidade e declínio. No entanto, as próprias fases têm uma evolução desigual nos mercados interno e externo. O mesmo determina as condições e o momento da reorientação da produção do mercado interno para o mercado externo.

O comércio internacional explica-se também pelas economias de escala. Teoricamente, está incluído nos fenómenos microeconómicos e baseia-se na comparação da dinâmica das produções médias e dos volumes de produção. Se, ao aumentar os volumes de produção, a produção média

---

[2] https://fayllar.org/1-xeksher-olin-nazariyasi.html
[3] Wassily Leontief - Wikipédia

por unidade de produto diminuir, o efeito de escala é positivo, se os princípios da dinâmica dos indicadores indicados forem inversamente proporcionais - é negativo. À medida que a dotação de muitos países (especialmente os países industrializados) aumenta no processo de desenvolvimento, a base para as vantagens absolutas e comparativas desaparece. O comércio internacional só é rentável se a produção em massa for assegurada por economias de escala. Para isso, a capacidade de mercado torna-se o principal fator, o que é difícil de conseguir em certos países. Este objetivo é geralmente alcançado através de operações no mercado mundial. A formação de um mercado único integrado leva ao facto de um grande número de produtos ser oferecido aos consumidores a preços muito mais baixos. Desta forma, os problemas microeconómicos são transferidos para o nível macroeconómico. O rendimento de uma empresa que participa nas relações económicas externas depende do nível de integração da economia nacional no mercado mundial. Existem outros pontos de vista teóricos. Mas, entre elas, verifica-se que, em primeiro lugar, está generalizada entre os cientistas e os profissionais, em segundo lugar, é expressa a nível macroeconómico e, em terceiro lugar, é a mais generalizada. Todas as abordagens expressas pelos académicos sobre o conteúdo do comércio internacional podem ser facilmente incluídas nos dois primeiros pontos de vista. Afinal de contas, sabe-se que a produção de recursos excedentários no país, o ciclo de vida dos bens e as economias de escala dependem diretamente da produção. Por conseguinte, os dois primeiros pontos de vista são as doutrinas mais universais e os restantes são os seus aperfeiçoamentos. É de notar que o comércio internacional é a base inicial, coordenadora e multiplicadora de todas as outras formas e tipos de atividade económica externa: a eficácia da formação da atividade económica externa, como a atração de investimento estrangeiro, depende também do seu nível. Outras restrições impostas pelos instrumentos jurídicos ao comércio reflectem-se nos processos de investimento.

As relações económicas externas são uma categoria histórica e económica. Enquanto categoria histórica, as relações económicas externas são um produto da civilização. Surgem com o aparecimento dos Estados e desenvolvem-se em conjunto. O declínio do feudalismo deu um forte impulso ao desenvolvimento destas relações. A transição da economia natural para as relações monetárias de mercadorias levou ao desenvolvimento dos mercados nacionais de cada país, a um salto acentuado na troca de mercadorias, o que levou à expansão e aprofundamento das relações internacionais e das trocas internacionais na esfera económica das relações estatais. Enquanto categoria económica, as relações económicas externas constituem um sistema de relações económicas de produção que surgem durante a circulação de todos os tipos de recursos entre Estados e sujeitos económicos de outros Estados. Estas relações bilaterais abrangem todas as áreas da vida económica do Estado, em primeiro lugar, a sua produção, comércio, investimento e actividades financeiras. A essência das relações económicas externas como uma categoria económica definida nas suas funções. Estas funções são as seguintes:

- organizando e prestando serviços para o intercâmbio internacional de recursos naturais, o seu trabalho resulta sob a forma de valor tangível;

- reconhecimento internacional do valor de consumo dos produtos da divisão internacional do trabalho;

- organização da circulação monetária internacional.

A primeira função é fornecer produtos extraídos como recursos naturais e produtos obtidos no processo de divisão internacional do trabalho a consumidores específicos através do mercado de resultados do trabalho sob a forma de material e valor. A organização da troca implica, simultaneamente, a prestação de serviços à troca.

A segunda função é a conclusão do movimento das relações mercadoria-dinheiro e o fim da troca de dinheiro no produto da divisão internacional do trabalho. Em consequência, o valor de consumo (ou valor prático) do produto será reconhecido internacionalmente.

A terceira função é criar condições para a circulação contínua de dinheiro durante a implementação de vários acordos internacionais.

Ao mesmo tempo, as relações económicas externas aparecem como um meio de influenciar o sistema económico do Estado, que é realizado através do mecanismo da atividade económica externa. Na atual economia mundial, as relações económicas externas tornam-se os factores de crescimento do rendimento nacional do Estado, de poupança de despesas da economia nacional e de aceleração do desenvolvimento da ciência e da tecnologia. Através das relações económicas externas, a procura de bens e serviços do mercado mundial é transferida para o mercado interno de um determinado país, o que possibilita o desenvolvimento das forças produtivas, o que, por sua vez, leva ao desenvolvimento da indústria, agricultura, comércio, instituições financeiras e serviços. virá.

Como resultado do desenvolvimento do mercado interno do país, o volume da oferta no país começa a exceder o volume da procura, o que leva à expansão das operações de comércio externo, à redução do custo do investimento e à redução dos custos de produção e de transação. A organização das relações económicas externas e a eficácia dos seus outros mecanismos são largamente determinadas pela classificação das relações económicas externas.

Classificação (classification) significa divisão em grupos específicos de acordo com determinadas caraterísticas. O sistema de classificação das relações económicas externas é constituído por tipos e formas de relações. O tipo de relações económicas externas é um conjunto de relações unidas por um sinal comum, por exemplo, a direção do fluxo de mercadorias ou um sinal estrutural. O símbolo de classificação associado à direção do fluxo de mercadorias determina o movimento de mercadorias (serviços, obras) de um país para outro, ou seja, a exportação de mercadorias de um país ou a sua importação para esse país. De acordo com este sinal, as relações económicas externas dividem-se em relações de exportação relacionadas com a venda e exportação de bens e relações de importação relacionadas com a compra e importação de bens.

A implementação de alterações básicas do mercado, que conduzirão a novas bases qualitativas para a cooperação da economia da República do Usbequistão com a economia mundial e do mercado interno com o mercado externo, exige objetivamente o reforço do fator económico externo. Tudo isto exige o desenvolvimento de uma nova política económica externa do Uzbequistão e de um mecanismo para a sua aplicação.

A política económica externa é uma atividade do Estado orientada para os objectivos, que visa regular as relações económicas externas e determinar o modo de otimização da participação do país na distribuição internacional dos factores de produção. As principais componentes da política económica externa são a política de comércio externo (incluindo a política de exportação e importação), a política no domínio da atração de investimentos estrangeiros e a regulação dos investimentos nacionais no estrangeiro, a política monetária. Além disso, a tarefa de equilibrar geograficamente as operações económicas estrangeiras com países e regiões individuais também é resolvida pela política económica externa, que está relacionada com a garantia da segurança económica do país.

A política económica externa também regula a atividade económica externa. A maioria dos países dispõe de uma vasta gama de instrumentos de política económica externa que lhes permite definir a estrutura das suas relações económicas externas e as orientações do seu desenvolvimento, bem como influenciar ativamente as relações económicas externas e a política económica externa de outros países. . Esta gama de instrumentos de política económica externa pode ser descrita como um mecanismo político-comercial.

Para formar uma política económica externa eficaz, as suas principais regras (princípios) devem ser definidas de forma clara e inequívoca. Numa tal política económica externa, o lugar principal é atribuído à regulação económica e jurídica das acções dos participantes no FIT, de modo a satisfazer os interesses nacionais.[4]

1.2 O papel das relações económicas externas no desenvolvimento económico

A atividade económica externa e o comércio externo são uma necessidade vital para os países que passaram e estão a passar para as relações de mercado. À medida que a economia global dos países do mundo se desenvolve e melhora, o âmbito e o alcance das relações económicas interestatais também se expandem. A principal condição para a integração da economia de um país no sistema económico global manifesta-se claramente no desenvolvimento da atividade económica externa. A atividade económica externa significa relações económicas mutuamente benéficas (actividades) de pessoas colectivas e singulares do país com pessoas colectivas e singulares de um país estrangeiro, bem como com organizações internacionais. As relações económicas externas estão indissociavelmente ligadas à divisão internacional do trabalho. A participação do país na divisão internacional do trabalho é formada sob a influência de vários factores. Atualmente, o desenvolvimento do comércio internacional entre países, a expansão e a melhoria da integração da produção são a causa de uma maior liberalização da atividade económica externa. O nível de desenvolvimento

[4] A.A.Aliyev "Tashqi iqtisodiy faoliyatni davlat tomonidan tartibga solish"; "O'zbekiston faylasuflari milliy jamiyati" editor; Toshkent-2007;10-18 páginas

da atividade económica externa depende diretamente do nível de desenvolvimento económico do país, da política externa e da estratégia do Estado. Ao mesmo tempo, há uma série de factores que afectam a atividade económica externa, que são os seguintes

- condições naturais e sociais do país;
- nível de desenvolvimento industrial do país;
- potencial científico, técnico e tecnológico da produção;
- situação demográfica e capacidade mental do país;
- mentalidade nacional e tradições nacionais;
- poder de compra da população.

Qualquer país determina a sua estratégia e as orientações da atividade económica externa com base nas suas necessidades vitais, nos interesses da defesa e da segurança do país e, por último, nos objectivos de melhoria do nível de vida da sua população.

Uma das caraterísticas distintivas da economia mundial no final do século XX é o desenvolvimento e a melhoria das relações económicas internacionais entre países. Nesta situação, cada país concentra-se na organização das suas actividades económicas externas, no desenvolvimento global da sua economia, nos processos de integração na economia mundial. O sinal estrutural da classificação das relações económicas externas determina a composição do grupo de relações no domínio dos interesses económicos e o principal objetivo da atividade económica externa do Estado. De acordo com o sinal estrutural, as relações económicas externas dividem-se em relações de comércio externo, financeiras, de produção e de investimento. A forma de comunicação é um modo de existência deste tipo de comunicação, uma manifestação externa de uma certa essência da comunicação. As formas de relações económicas externas incluem o comércio, a troca direta, o turismo, a engenharia, o franchising, o leasing, etc. As relações económicas externas são realizadas não só através da troca de bens e serviços, mas também através da importação e exportação de investimentos e mão de obra para a criação de empresas comuns. A remessa de capitais é a transferência regular de valor sob a forma de dinheiro ou bens para o estrangeiro com o objetivo de obter rendimentos ou outros benefícios económicos e políticos. A essência da retirada de capitais consiste em retirar uma parte dos recursos financeiros ou materiais do processo de circulação económica nacional de um país e geri-los. Se cada país não tiver relações económicas externas com qualquer outro país, a economia desse país não crescerá. Afinal, como resultado da troca de bens entre países, a sua economia, o volume do PIB e o fornecimento de bens de consumo à população aumentarão.

A política económica externa está indissociavelmente ligada à política económica interna do Estado. É por isso que a sua estrutura é expressa, por um lado, pela natureza da estrutura socioeconómica do Estado e, por outro, pelas questões de desenvolvimento da produção que o Estado está a resolver à escala da sua economia nacional. A formação da política económica externa do Estado na economia mundial e nas relações económicas internacionais:

o   intensificação da concorrência no mercado mundial;

o   violação da moderação da taxa de câmbio;

o   desequilíbrio das balanças de pagamentos;

o   são afectados fenómenos como a dimensão das dívidas externas dos países em desenvolvimento e de alguns países com uma economia em transição. O impacto dos processos acima mencionados cria uma interação constante de dois processos: liberalização e protecionismo na política económica externa moderna.

É de notar que as relações económicas externas ou relações económicas internacionais se exprimem através de vários domínios, como as relações económicas entre países e os investimentos estrangeiros, as relações comerciais, as transacções financeiras e outras actividades económicas. São geralmente desenvolvidas nas seguintes direcções:

1. Troca de bens e serviços: As relações comerciais entre países, as operações de importação e exportação, o intercâmbio de serviços e outras actividades comerciais fazem parte das relações económicas externas.

2. Investimentos: Receber recursos financeiros, capital, tecnologias e outros investimentos de países estrangeiros, trazer investimentos para esses países, realizar acordos comerciais internacionais, realizar investimentos estrangeiros e outras transacções.

3. Operações monetárias: operações de origem no sistema de relações económicas externas, alterações nos fundos monetários, troca de moeda entre países, liquidação de fundos internacionais, alterações nos fundos em moeda estrangeira entre países e aplicações noutras áreas económicas.

4. Relações comerciais internacionais: incluindo a aplicação de limites ao comércio internacional, pautas aduaneiras e legislação.

5. Sistemas financeiros internacionais: O papel dos fundos monetários internacionais, das organizações financeiras e dos sistemas financeiros. Por exemplo, o Fundo Monetário Internacional (FMI) e os seus empréstimos aos países, a melhoria da gestão financeira, o aumento da estabilidade financeira do país, etc.

6. Documentos e contabilidade internacionais das empresas: De acordo com as normas internacionais, implementa o estabelecimento de documentos e contabilidade das empresas, e é bom para operações de comércio internacional, finanças internacionais, financiamento e outras áreas.

1.3 Importância das relações económicas externas no desenvolvimento social.

As relações económicas externas, ou seja, as relações económicas entre países, são de grande importância para o desenvolvimento social. Estas relações conduzem ao aumento do desenvolvimento social em vários domínios:

1. Desenvolvimento financeiro: Através das relações económicas externas, as transacções de origem, os investimentos e as mudanças de capital asseguram o desenvolvimento financeiro do país. Os grandes investimentos e as relações comerciais aceleram o desenvolvimento económico do país.

2. Tecnologias e inovações: Graças ao intercâmbio tecnológico com o estrangeiro, às mudanças tecnológicas e às inovações, são criadas grandes oportunidades para o desenvolvimento dos sectores industriais e de serviços do país.

3. Relações comerciais internacionais: O acesso a novos mercados através das relações comerciais internacionais, o aumento das exportações e do financiamento das exportações, contribuem para o desenvolvimento dos sectores industrial e dos serviços do país.

4. Crescimento do consumo financeiro: Através das relações económicas com o exterior, criam-se condições para o acesso a novos recursos financeiros, que trazem grandes projectos e o crescimento do consumo financeiro do país.

5. Desenvolvimento socioeconómico: Com a ajuda das relações internacionais, são criadas oportunidades para melhorar as relações entre os países, para benefício mútuo e para alterar o ambiente. Estas relações reforçarão o desenvolvimento socioeconómico do país.

6. Desenvolvimento político e diplomacia internacional: As relações económicas externas têm a sua importância nos domínios político e diplomático. As negociações, os acordos e as transferências financeiras de alto nível entre países, nomeadamente a tomada de decisões mútuas,

destinam-se a mostrar a autoridade e o poder do país nas consultas internacionais.

Estas orientações principais desempenham um papel fundamental no aumento e no desenvolvimento do desenvolvimento económico e social dos países, uma vez que as relações económicas externas e as relações económicas internacionais são de grande importância.

Antes de decidir sobre a utilização de um ou outro instrumento de política comercial na regulamentação dos CIF, cada país deve estudar o efeito do instrumento utilizado sobre o carácter da política comercial do Estado e se os limites de resposta podem ser aplicados pelos países parceiros. O questionário indicativo desenvolvido pela Organização Internacional para a Cooperação e Desenvolvimento Económico em 1985 para efeitos de avaliação das medidas de política comercial é amplamente utilizado na prática dos governos dos países. As perguntas que devem ser respondidas antes de aplicar medidas económicas de política comercial incluem

Qual é o ganho económico esperado para a indústria ou empresa em resultado da aplicação desta medida e quantos postos de trabalho serão criados ou mantidos?

- Quanto é que as receitas orçamentais aumentarão ou quanto é que as despesas orçamentais serão necessárias para implementar o programa?

- Quanto aumentarão os preços no mercado interno e quanto diminuirá o consumo em resultado destas medidas?

- Qual é o efeito da medida a aplicar sobre a estrutura do mercado e a concorrência no mesmo?

- Como irão os países parceiros comerciais reagir à aplicação destas medidas e quais os seus potenciais impactos?

- As medidas propostas são conformes às disposições de acordos multilaterais ou bilaterais de que o país em causa é ou não parte?

Depois de estudar e analisar as respostas a estas questões, é possível tomar uma decisão sobre a utilização de um ou outro tipo de meios de regulação do comércio internacional. Em termos gerais, as relações económicas externas podem ser alcançadas facilitando o desenvolvimento de infra-estruturas, aumentando a estabilidade financeira, desenvolvendo competências, reduzindo a pobreza, enfrentando os desafios globais em matéria de saúde, promovendo a paz e a segurança e promovendo o desenvolvimento humano em geral. desempenha um papel multifacetado no desenvolvimento da sociedade.

1.3 O papel e a importância das relações económicas externas no desenvolvimento socioeconómico do Uzbequistão

O desenvolvimento das relações económicas externas é especialmente importante para a nossa república, que enveredou pelo caminho do desenvolvimento independente. Quando o Uzbequistão fazia parte da antiga União, foi privado da oportunidade de comunicar de forma independente com países estrangeiros. Nas condições fechadas de gestão económica do país, só se podia sonhar. A migração internacional de mão de obra estava completamente subdesenvolvida. Por conseguinte, as reformas económicas em curso visam assegurar que o Usbequistão se torne um membro de pleno direito do sistema económico mundial e uma cooperação mutuamente benéfica com todos os países no mais curto espaço de tempo possível. Por um lado, isto proporciona a experiência e o conhecimento da gestão de novas tecnologias, trazendo investimentos estrangeiros para o nosso país e, por outro lado, ajuda a aumentar a eficiência da utilização dos ricos recursos naturais e capacidades de produção do Uzbequistão. Entre os 40 maiores países do mundo, o nosso país, que possui grandes reservas de matérias-primas, sectores desenvolvidos de produção industrial e agrícola, bem como uma força de trabalho bem formada, começou a dar frutos. A atividade económica estrangeira na República do Uzbequistão é regulada pelo Estado. Para isso, antes de mais, é muito importante formar a base jurídica desta atividade, harmonizando-a cada vez mais com a legislação em vigor nos países desenvolvidos. Um país com uma economia em desenvolvimento e que procura ativamente expandir as suas relações económicas externas não pode simplesmente confiar no mercado livre: o Estado tem de atuar ativamente como garante e provedor do desenvolvimento. É objetivamente necessário que o Estado regule as relações económicas externas. Simultaneamente, é necessário adaptar os mecanismos de regulação do comércio externo e outras formas de atividade económica externa à evolução das condições internas e externas modernas. No Uzbequistão, as mudanças neste domínio estiveram relacionadas com a liberalização da política económica externa em todas as direcções e, em primeiro lugar, com a formação do "modelo aberto" na República. A República do Usbequistão conduz uma política externa aberta, mutuamente benéfica e construtiva, baseada nos seus interesses nacionais. O curso político moderno da República é formado com base na situação em rápida mudança no mundo e na região, bem como em mudanças em grande escala no país. O principal objetivo da atividade política externa da República do Usbequistão é reforçar a independência e a soberania do Estado, a sua posição e o seu papel na cena internacional, criar um ambiente de segurança, estabilidade e vizinhança amigável à sua volta e promover ativamente os interesses económicos externos da República. A República adere ao princípio do não alinhamento com blocos político-militares e não permite a colocação de bases e instalações militares estrangeiras no seu território, bem como a participação do pessoal militar do país em operações de manutenção da paz ou em conflitos militares no estrangeiro. O Usbequistão é a favor da resolução de todos os conflitos e conflitos apenas por meios políticos pacíficos.

Igualdade soberana dos Estados do Usbequistão, não utilização da força ou ameaça de força, inviolabilidade das fronteiras, não ingerência nos assuntos internos de outros Estados; cumprimento consciencioso das obrigações internacionais, respeito e proteção dos direitos humanos e outros princípios e normas universalmente reconhecidos do direito internacional; interesse em alargar a cooperação com todos os parceiros para a paz, o desenvolvimento e a prosperidade, com base nos princípios básicos da indivisibilidade da segurança, da abertura e do pragmatismo, desenvolvimento de relações de boa vizinhança com os países vizinhos em todos os aspectos, reforço da cooperação regional e internacional.

Uma das tarefas principais e de primeiro nível da atividade política externa é a aplicação efectiva da estratégia de desenvolvimento do Novo Uzbequistão para 2022-2026.

Para atingir este objetivo, são atribuídas as seguintes tarefas ao gabinete de política externa

-criação das condições políticas externas mais favoráveis para a aplicação efectiva das reformas democráticas e dos processos rápidos de modernização da sociedade e da economia do nosso país;

- manter e reforçar a paz e a estabilidade na Ásia Central, transformando a região numa região de segurança e desenvolvimento sustentável;

- a formação de um sistema equilibrado e multifacetado de cooperação estratégica com os principais países e organizações internacionais do mundo;

- Promoção das iniciativas internacionais do Usbequistão em domínios importantes da política regional e mundial;

- assistência ao aumento do volume de exportação de produtos locais e à expansão da sua geografia;

- prestar apoio ativo para atrair investimentos diretos estrangeiros e tecnologias avançadas para os sectores prioritários da economia nacional;

- prestar assistência prática na atração de turistas para o nosso país e no desenvolvimento de infra-estruturas turísticas;

- apoiar a expansão e o aprofundamento da cooperação no domínio dos transportes e do trânsito, bem como o desenvolvimento das infra-estruturas de comunicação e de logística dos transportes internacionais;

- assegurar uma proteção global dos direitos e interesses dos cidadãos e das entidades jurídicas da República do Usbequistão no estrangeiro;

- reforçar as relações com os compatriotas que vivem no estrangeiro.

Simultaneamente, a política económica externa prevê o reforço da moeda nacional e a garantia da sua livre troca com outras moedas, colocando as bases normativas e jurídicas da atividade económica externa ao nível das exigências internacionais. Atualmente, a maior parte da indústria do Usbequistão não está preparada para a atividade comercial em geral e para a concorrência internacional em particular: atualmente, em quase todas as áreas da procura, os produtos importados estão à frente dos produtos nacionais, especialmente os bens de consumo. No modelo único de consumo que está a surgir no Usbequistão, a qualidade está a tornar-se gradualmente um modelo. No desenvolvimento das relações económicas externas da República, é dada grande importância à criação de condições favoráveis para atrair investimentos estrangeiros para a economia, bem como à criação das instalações e instituições estrangeiras necessárias. Estas incluem a companhia de seguros nacional "Uzbekinvest", que cobre as perdas causadas por riscos, várias companhias de seguros, o serviço de apoio ao investimento estrangeiro no âmbito do Gabinete de Ministros e da ONU, o sector imobiliário e o investimento estrangeiro no âmbito do Comité da Propriedade Estatal. A República do Usbequistão participa nas actividades das organizações multilaterais de cooperação económica internacional, tais como as instituições económicas das Nações Unidas, o Banco Mundial, o Fundo Monetário Internacional, a Sociedade Financeira Internacional, a

Organização Internacional para o Desenvolvimento Económico, a Organização Internacional do Trabalho e a Organização Mundial de Saúde. e tornou-se membro de outras organizações financeiras e económicas internacionais de prestígio e começou a conduzir uma política ativa nas mesmas. Muitas organizações internacionais - a ONU, o FMI, o Banco Mundial, o Banco Europeu para a Reconstrução e o Desenvolvimento, a Comissão da União Europeia e outras organizações abriram os seus escritórios regionais na República e cooperam ativamente com os parceiros uzbeques. Estão a ser implementados na República vários projectos desenvolvidos com a participação do Fundo Monetário Internacional, do Banco Mundial e da Sociedade Financeira Internacional, que apoiam o desenvolvimento de pequenas e médias empresas, bem como o programa de apoio financeiro a projectos nos sectores mais benéficos da economia.

O Usbequistão tornou-se membro da Organização das Nações Unidas (ONU) em 2 de março de 1992. Foi a partir desse dia que a República começou a estabelecer relações externas com os países estrangeiros próximos e distantes do mundo. Atualmente, o Usbequistão mantém relações económicas externas com cerca de 200 países do mundo. Até ao final de 2023, o volume de negócios do comércio externo da República é de 62,6 mil milhões de dólares. Atingiu 12,1 mil milhões de dólares em comparação com janeiro-dezembro de 2022. Aumentou em USD ou 23,9%. Este indicador está a aumentar de ano para ano (diagrama 1).

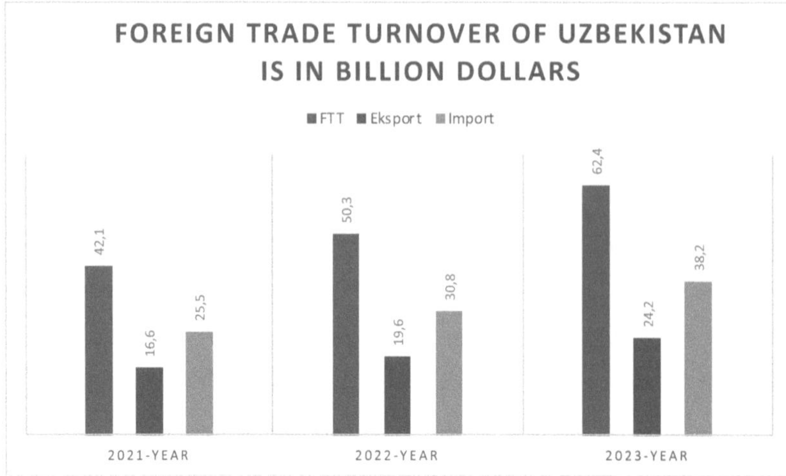

Uma parte relativamente significativa da TSA foi registada na RPC (21,9%), na Rússia (15,8%), no Cazaquistão (7,0%), na Turquia (5,0%) e na República da Coreia (3,7%). A parte das mercadorias na estrutura das exportações é de 78,8% e corresponde à parte dos bens industriais (16,6%), produtos alimentares e animais vivos (7,3%) e máquinas e material de transporte (5,3%).

De acordo com a Lei da República do Uzbequistão "Sobre a atividade económica externa", o desenvolvimento e aprofundamento das relações económicas externas, a liberalização do comércio externo, o aumento da independência das entidades económicas no desenvolvimento da atividade económica externa, a melhoria do sistema de comercialização e a promoção dos produtos do país, em 21 de outubro de 2002, foi adotado o decreto do Presidente da República do Uzbequistão n.º PF-3151, a fim de o introduzir nos mercados internacionais em grande escala. Neste decreto, foram consideradas as seguintes tarefas relativas a uma maior liberalização e melhoria do sistema de gestão no domínio das relações económicas externas, tendo sido definidas como principais as seguintes tarefas

❖ assegurar a aplicação de uma política estatal unificada no domínio da atividade económica externa e participar na formação da sua estratégia de desenvolvimento;

❖ desenvolver e aumentar a competitividade da economia nacional e criar condições para a sua integração no sistema económico mundial;

❖ apoiar a realização de programas para o desenvolvimento da competência de exportação da República;

❖ proporcionar condições favoráveis para que os produtos dos produtores do país entrem nos mercados estrangeiros;

❖ assegurar a aplicação da política estatal no domínio da atração de investimentos estrangeiros;

❖ aplicação de um conjunto de medidas para regular a atividade económica estrangeira;

❖ assegurar o desenvolvimento da cooperação comercial, económica e financeira da República do Usbequistão com países estrangeiros, instituições económicas e financeiras internacionais e outras entidades jurídicas internacionais.

A lei sobre a atividade económica estrangeira, que declara a República do Usbequistão como sujeito de atividade económica estrangeira, define ao mesmo tempo claramente que são da competência da República do Usbequistão

➢ determinação da base jurídica da externalização da atividade económica estrangeira;

➢ desenvolvimento e aplicação da política económica externa, incluindo a política de crédito monetário, a formação e a utilização do fundo monetário da República;

➢ celebração de acordos internacionais no domínio da atividade económica estrangeira e respectiva aplicação;

▷   proteger os interesses da República, das entidades jurídicas e dos cidadãos do Usbequistão no estrangeiro;

▷   estabelecer garantias jurídicas para as actividades dos investidores estrangeiros no território da República;

▷   são outros poderes baseados na Constituição da República.

CAPÍTULO II. RELAÇÕES ECONÓMICAS EXTERNAS DO UZBEQUISTÃO COM PAÍSES ESTRANGEIROS PRÓXIMOS

2.1 Relações económicas externas mútuas do Usbequistão entre os países da Ásia Central

Uma das principais orientações da política externa do Usbequistão visa o reforço da amizade e da cooperação com os países recentemente independentes da Ásia Central - Cazaquistão, Quirguizistão, Tajiquistão e Turquemenistão. Existem muitas semelhanças entre os cinco países da região. A unidade da nossa história, cultura, língua e religião, a ligação das nossas veias é a base para aproximar os povos destes países. Os processos sociais e políticos que emergem em novas condições históricas exigem uma abordagem diferente da origem, da história, do modo de vida único e das relações de vizinhança dos povos dos países da Ásia Central. A política do Uzbequistão na Ásia Central tem por objetivo assegurar a paz e a estabilidade na região, resolver problemas importantes de segurança regional, incluindo ajudar a resolver a situação no Afeganistão. O Usbequistão envidará todos os esforços para reforçar a cooperação comercial e económica regional, desenvolver as infra-estruturas de transporte e trânsito da região, utilizar de forma racional e abrangente os recursos hídricos e energéticos dos rios transfronteiriços da Ásia Central, assegurar a estabilidade ambiental da região e concluir o processo de delimitação e demarcação das fronteiras. - realiza acções.

O Uzbequistão está interessado em reforçar as relações de vizinhança amigáveis e harmoniosas com os países da região, desenvolver a cooperação científico-técnica e cultural-humanitária, reforçar as relações entre os parlamentos, as regiões fronteiriças, as organizações públicas e os cidadãos.

O Usbequistão continuará a desenvolver as suas relações com o Afeganistão e a participar ativamente nos esforços internacionais destinados a resolver pacificamente a situação neste país. A parte usbeque continuará a apoiar o relançamento da economia afegã e o desenvolvimento das suas infra-estruturas de transportes, de produção, de energia e sociais. Um Afeganistão estável e próspero é uma garantia de segurança regional na Ásia Central.

O Usbequistão tem estado em contacto com a comunidade mundial desde a sua independência. Os países da Ásia Central foram os primeiros parceiros nas relações económicas externas.

É sabido que uma das principais tarefas da política externa do Usbequistão consiste em criar um ambiente de paz, estabilidade e segurança em torno do seu território. Deste ponto de vista, o Presidente Shavkat Mirziyoyev definiu o desenvolvimento e o reforço das relações de amizade, de vizinhança próxima e de benefício mútuo com os nossos vizinhos - os países da Ásia Central - como a principal prioridade da política externa.

2020 - no âmbito do programa estatal "Ano de Desenvolvimento da Ciência, do Iluminismo e da Economia Digital", o Usbequistão prosseguiu de forma consistente as suas actividades de política externa aberta e pragmática, incluindo na direção da Ásia Central.

Em particular, a fim de elevar as relações com os países da região da Ásia Central a um novo nível em termos de qualidade e conteúdo, num espírito de amizade mútua, boa vizinhança e parceria estratégica em todos os domínios, durante 2020, foram realizadas 23 visitas de alto nível e 12 visitas de alto nível de agências estatais para actividades políticas e económicas estrangeiras e várias actividades.

Durante este processo, verificou-se que a "diplomacia popular" foi muito ativa na prática. Em particular, foram realizadas mais de 90 reuniões, conferências, videoconferências e outros eventos semelhantes com a participação de representantes do povo - cientistas e artistas, figuras culturais e religiosas, empresários e jovens, organizações de turismo e desporto, associações públicas e organizações não governamentais. É de salientar que, nos últimos anos, graças ao apoio dos dirigentes dos países vizinhos, as iniciativas do Presidente Shavkat Mirziyoyev reforçaram o diálogo político e a confiança mútua na Ásia Central. Foram organizadas reuniões de consulta entre os Chefes de Estado. Como resultado, o nível de cooperação bilateral e multilateral na região subiu para um novo patamar. Em particular, durante 2017-2019, o volume de negócios comercial com os países da Ásia Central aumentou mais de 50 por cento em média anual e atingiu 5,2 mil milhões de dólares. De acordo com os resultados de 2020, apesar das condições da pandemia global, o volume total do volume de negócios do comércio do Usbequistão com os países da Ásia Central foi de 5 mil milhões de dólares.

(Quadro 1)

Volume de negócios do comércio externo entre o Usbequistão e os países da Ásia Central									
Países	2021-ano			2022-ano			2023 anos		
	FTT	Eksport	Importação	FTT	Eksport	Importação	FTT	Eksport	Importação
Cazaquistão	3920.6	1178.4	2742.2	4651.1	1407.5	3243.5	4398.9	1372.5	3026.4
Quirguizistão	953.6	792.0	161.6	1263.3	982.5	280.7	953.4	631.5	321.9
Turquemenistão	902.0	191.9	710.1	928.6	197.0	731.6	1094.4	171.2	923.6
Tadjiquistão	605.6	501.9	103.6	676.7	522.1	154.5	756.8	605.0	151.8
Afeganistão	673.7	667.5	6,.2	765.6	756.3	9,.3	867.0	856.7	10.,3

Este quadro foi compilado pelo autor com base na informação fornecida pelo Comité de Estatística do Uzbequistão.

Em particular, a quota dos países da Ásia Central no volume total de negócios do comércio externo do Uzbequistão aumentou de 12,4 por cento em 2019 para 13,6 por cento em 2020. A participação do Cazaquistão no volume total de negócios do comércio exterior do Uzbequistão na região foi de 61%, Quirguistão - 18,2%, Turcomenistão - 10,6% e Tajiquistão - 10,2%.

Esta melhoria das relações comerciais e económicas entre os países da Ásia Central, em geral, contribuiu para aumentar a atratividade do investimento na região. Em particular, entre 2017 e 2020, foram assinados mais de 300 contratos, bem como contratos e acordos no valor de cerca de 75 mil milhões de dólares, entre o Usbequistão e os países da região. Além disso, durante 2017-2020, como resultado da política aberta, construtiva, bem pensada e pragmática do Uzbequistão em relação aos países da Ásia Central, foram resolvidas questões complexas e confusas como a utilização da água, a delimitação e demarcação das fronteiras estatais entre o Uzbequistão e os países vizinhos, a utilização das comunicações de transporte, a passagem das fronteiras estatais. Se, há cinco anos, 200-300 pessoas atravessavam diariamente a fronteira entre o Uzbequistão e o Quirguizistão, antes das restrições introduzidas devido à pandemia mundial, este número atingia 30 000 pessoas por dia. 20 000 cidadãos atravessavam a fronteira entre o Uzbequistão e o Tajiquistão por dia.

A política aberta e construtiva do Usbequistão em relação aos países da Ásia Central é comprovada pelas medidas conjuntas tomadas pelos dirigentes da região para atenuar as consequências da propagação do coronavírus durante a pandemia mundial. Apesar da ameaça de uma pandemia mundial, os dirigentes dos países da Ásia Central mantiveram um diálogo constante e prosseguiram a cooperação ativa entre os países. Os países da região começaram a prestar assistência social uns aos outros desde os primeiros dias da propagação da infeção pelo coronavírus. O Usbequistão enviou várias vezes ajuda humanitária ao Cazaquistão, ao Quirguizistão e ao Tajiquistão. Em resposta, os nossos vizinhos, como o Quirguistão e o Tajiquistão, prestaram ajuda humanitária para restaurar o reservatório de Sardoba. Além disso, em dezembro de 2020, com o apoio do Usbequistão, foi colocado em funcionamento no Quirguistão um hospital de doenças infeciosas com 200 camas, totalmente equipado com o equipamento médico e o mobiliário necessários.

Além disso, foi possível trocar informações e experiências no domínio da medicina na luta contra o coronavírus durante a pandemia, prestar ajuda humanitária mútua e estabelecer uma circulação ininterrupta de mercadorias nas fronteiras. Isto permitiu assegurar que o número de casos de coronavírus e o número de mortes em consequência do mesmo sejam baixos na região, em comparação com outros países do mundo.

Além disso, em janeiro deste ano, os governos do Uzbequistão e do Cazaquistão, em cooperação com os Estados Unidos, lançaram a iniciativa "Parceria de Investimento na Ásia Central", a fim de atrair pelo menos mil milhões de dólares em cinco anos para apoiar projectos que sirvam para expandir os laços económicos na região. Esta iniciativa, implementada através da plataforma "C5+1", tem por objetivo reforçar e fazer crescer a economia dos países da Ásia Central e aprofundar as relações multilaterais.

Podemos constatar a importância e o papel crescentes da Ásia Central na comunidade mundial quando estão a ser organizados vários formatos de cooperação multilateral entre a região e os principais países.

Para além dos formatos de comunicação existentes, tais como "Ásia Central - EUA", "Ásia Central - União Europeia", "Ásia Central - República da Coreia", "Ásia Central - Japão", nos últimos anos foram acrescentados "Ásia Central - Índia", "Ásia Central - China" e novos formatos como "Ásia Central - Federação Russa". Esta situação mostra que, em primeiro lugar, o ambiente completamente novo criado em resultado das mudanças positivas na região aumentou a atenção dos principais países do mundo para a Ásia Central e, em segundo lugar, é um sinal de que os países estrangeiros estão a prestar atenção ao desenvolvimento de uma única relação multilateral regional com os países da região, e não apenas no âmbito da cooperação bilateral.

Ao mesmo tempo, a formação de novos formatos entre a região e outras instituições estatais e internacionais conduz ao crescimento da importância geopolítica e económica da Ásia Central, bem como à perceção da região como um sujeito político e diplomático integrado nas relações internacionais.

O papel dos Estados da Ásia Central como uma entidade política e diplomática única e a sua solidariedade mútua foram também observados na declaração conjunta dos Presidentes das Repúblicas do Usbequistão, Cazaquistão, Turquemenistão e Tajiquistão sobre os protestos e motins ocorridos no Quirguistão em outubro de 2020. Na declaração conjunta, foi expresso que os acontecimentos ocorridos no Quirguizistão irmão causam sérias preocupações e esperam que todos os partidos políticos e círculos públicos do Quirguizistão envidem os esforços necessários para resolver os problemas, garantindo a paz e a tranquilidade e seguindo rigorosamente a Constituição e a legislação nacional. É de salientar que a estabilidade e a unidade dos países da Ásia Central aumentam, em primeiro lugar, o bem-estar das populações e, em segundo lugar, aumentam a atratividade da região em termos de investimento e permitem criar amplas oportunidades de cooperação com países parceiros e investidores estrangeiros. O novo ambiente criado e reforçado entre o Usbequistão e os países da região servirá para alcançar estes objectivos e reforçar a cooperação mútua a nível político, comercial, económico, cultural e humanitário.

No discurso do Presidente Shavkat Mirziyoyev ao Oliy Majlis e no programa estatal de 2021 "Ano do apoio à juventude e da promoção da saúde pública", é atribuída especial importância ao reforço das relações de vizinhança estreita com os países da Ásia Central.

Em particular, no programa de Estado deste ano, o plano de medidas para a continuação consistente das relações com os países da Ásia Central:

- Desenvolvimento de um programa global de medidas destinadas a elevar as relações bilaterais e regionais do Usbequistão com os países da Ásia Central a um nível qualitativamente novo;

- organização de visitas mútuas de alto nível e de alto nível;

- Utilização efectiva dos mecanismos da "Diplomacia Popular";

- resolução conjunta dos actuais obstáculos ao reforço das relações de boa vizinhança;

- criação de condições favoráveis ao desenvolvimento das relações comerciais e económicas, ao aumento do volume das trocas comerciais e ao reforço da cooperação;

- assegurar a utilização efectiva do potencial de trânsito e logística da região e o desenvolvimento das infra-estruturas de transporte;

- Está prevista a ativação da cooperação entre as regiões dos países da Ásia Central (incluindo as zonas fronteiriças).

Além disso, este ano, as relações do Usbequistão com os países da Ásia Central são reforçadas por mecanismos de cooperação multilateral, incluindo as Nações Unidas (ONU), a Comunidade de Estados Independentes (CEI), a Organização de Cooperação de Xangai (SCO), o Conselho de Cooperação dos Países de Língua Turca (TCSC), a Organização para a Segurança na Europa e a Cooperação (OSCE) e outras estruturas, o que inclui o reforço não só das relações político-diplomáticas, mas também da diplomacia económica, da diplomacia interparlamentar e da diplomacia popular.

Além disso, este ano, tendo em conta a presidência da República do Uzbequistão na SCO em 2021-2022, o desenvolvimento de tarefas prioritárias e actividades principais neste sentido está também previsto no Programa de Estado. Note-se que, juntamente com a Rússia, a China, o

Paquistão e a Índia, o Uzbequistão, o Tajiquistão, o Cazaquistão e o Quirguizistão dos países da Ásia Central são membros da SCO, pelo que a aceleração da cooperação no âmbito desta organização internacional é de particular importância. A política externa atual do Uzbequistão, em particular a boa vizinhança e a política regional pragmática, não só aumenta o prestígio internacional do país, como também serve para tornar a Ásia Central um espaço estável e de cooperação com grandes oportunidades. n 2023, o Uzbequistão realizou um volume de negócios de comércio externo com os países da Ásia Central no valor de 8070,5 milhões de dólares americanos. Deste montante, as exportações ascendem a 3636,9 milhões de dólares americanos e o restante a 4433,6 milhões de dólares americanos. Este indicador está a aumentar de ano para ano. (Quadro 1)

Entre os países da Ásia Central, a quota do Cazaquistão no volume de negócios do Uzbequistão é a maior. É de salientar que o indicador mais importante do volume de negócios do comércio externo do Usbequistão é o volume das exportações, que indica as oportunidades e o nível de competitividade dos bens exportados nos mercados estrangeiros.

2.2 Relações entre o Usbequistão e o Cazaquistão

As relações entre o Uzbequistão e o Cazaquistão desempenham um papel importante na Ásia Central e caracterizam-se por aspectos multifacetados. Ambos os países desenvolveram-se como Estados independentes após a desintegração da antiga União Soviética e procuraram reforçar as relações mútuas. A sua cooperação abrange as esferas económica, política, cultural e de segurança. As relações entre o Usbequistão e o Cazaquistão estão a desenvolver-se de forma constante. O Cazaquistão é um dos principais parceiros comerciais do Uzbequistão, representando metade dos produtos trocados entre a República do Uzbequistão e os países da Ásia Central. No entanto, existem muitas oportunidades inexploradas para um maior desenvolvimento das relações comerciais e económicas entre os dois países. A cooperação bilateral com o Cazaquistão contribuirá indubitavelmente para assegurar a estabilidade na região e para a resolução conjunta e eficaz dos problemas actuais. Durante muitos anos, a parceria entre os dois países tem sido positiva. O volume de negócios do comércio externo está a aumentar de ano para ano. Nos anos seguintes, o número de empresas comuns aumentou 6 vezes. A produção de automóveis, autocarros e máquinas agrícolas foi lançada em Kostanay. Foram lançadas empresas de têxteis modernos e de electrodomésticos no Turquestão e em Shymkent. Estão a ser implementados vários projectos no Usbequistão, juntamente com parceiros cazaques, nos domínios da energia, da indústria, da química, da indústria alimentar e da construção. .

Durante a pandemia, as nossas nações irmãs ajudaram-se mutuamente. A cooperação no domínio humanitário está a desenvolver-se ativamente. Realizaram-se com êxito as Jornadas de Cinema do Cazaquistão no âmbito do renovado Festival Internacional de Cinema de Tashkent. Foram organizadas jornadas de cinema usbeque na capital do Cazaquistão. As reuniões regulares de consulta dos dirigentes dos países da região deram os seus frutos. Foi criado um espaço único para uma comunicação aberta e fiável. O Usbequistão e o Cazaquistão cooperam ativamente no âmbito da ONU, da CEI, da SCO, da OCT, da Organização dos Países de Língua Turca e de outras estruturas.

As relações entre o Uzbequistão e o Cazaquistão tiveram início em 23 de novembro de 1992. Desde essa data, têm sido mantidas relações comerciais e económicas regulares entre os dois países. Até à data, o Presidente do Uzbequistão visitou o Cazaquistão 10 vezes e o Presidente do Cazaquistão visitou o Uzbequistão 11 vezes. (foto 2)

Imagem 2: Chefes de Estado das Repúblicas do Usbequistão e do Cazaquistão

Em 2023, o volume de negócios do comércio externo entre o Usbequistão e o Cazaquistão ascendeu a 4 398,9 milhões de dólares americanos. Este valor representa 7,0% do volume de negócios do comércio externo do Uzbequistão. O Usbequistão vendeu principalmente peças sobresselentes para transporte à República do Cazaquistão. O seu fornecimento aumentou 6,9% e ascendeu a 28,7 mil unidades. Em termos de dinheiro, este valor está estimado em 218,7 milhões de dólares. A principal parte entregue do Cazaquistão ao Uzbequistão durante os 9 meses de 2023 foi trigo e mistura de trigo com centeio - totalizou 615,4 milhões de dólares. Durante este período, o país vizinho entregou 2,7 milhões de toneladas de trigo ao nosso país, o aumento anual foi de 47,7 por cento.[5]

Note-se que a indústria transformadora está a desenvolver-se rapidamente no Uzbequistão e no Cazaquistão. Em 2023, o volume de produção da indústria de transformação do Uzbequistão aumentará 6,7% para 47,1 bilhões. dólar, no Cazaquistão esse número aumentou 4,1% para

---

[5] https://uz.kursiv.media/uz/2023-11-07/tanadagi-bugdoy-qozogiston-va-ozbekiston-asosan-nima-savdo-qiladi/

47,4 bilhões. ascendeu a um dólar. No período de 2017 a 2023, a indústria da construção do Uzbequistão duplicou e aumentou 6,4% em relação ao final do ano passado. No Cazaquistão, este sector cresceu 1,8 vezes nos últimos 6 anos e 13,3 por cento em 2023.[6]

Figura 3: Relações culturais dos povos uzbeque-cazaque

O Usbequistão e o Cazaquistão também cooperam estreitamente no domínio cultural. Os laços históricos e culturais entre os povos dos dois países são fortes e realizam-se regularmente vários eventos culturais, festivais e exposições. (foto 3)

Estes eventos servem para reforçar a amizade e a compreensão mútua entre os povos. Os dois países também cooperam estreitamente no domínio da segurança. A União Europeia e o Cazaquistão estão a lutar contra o terrorismo, o extremismo e a toxicodependência. Cooperam igualmente em questões de reforço da segurança das fronteiras e de regulação dos processos migratórios. Prevê-se que as relações entre o Usbequistão e o Cazaquistão continuem a desenvolver-se no futuro. Os dois países tencionam expandir ainda mais a cooperação económica, reforçar a integração regional e implementar planos para reforçar a cooperação no domínio da segurança.

---

[6] https://uz24.uz/uz/articles/iqtisod-5-17

De um modo geral, as relações entre o Usbequistão e o Cazaquistão baseiam-se numa cooperação amigável e estratégica, que contribui para a estabilidade e o desenvolvimento da Ásia Central.

2.3 Cooperação Uzbequistão-Quirguizistão

A cooperação entre o Uzbequistão e o Quirguizistão teve início em 16 de fevereiro de 1993. Desde essa data, os dois países têm vindo a estabelecer regularmente relações económicas externas.

As relações entre o Uzbequistão e o Quirguizistão ocupam um lugar importante na região da Ásia Central. A cooperação entre estes dois países abrange muitos domínios e reveste-se de grande importância para a estabilidade e o desenvolvimento regionais. O volume das trocas comerciais entre o Usbequistão e o Quirguizistão está a aumentar de ano para ano. No final de 2023, o volume de negócios do comércio externo entre os dois países ascendia a 59,7 milhões de dólares americanos. Deste montante, 35,7 milhões de dólares americanos corresponderam a exportações e 24,0 milhões de dólares americanos a importações. Foram assinados vários acordos comerciais entre os dois países, que servirão para reforçar as relações económicas mútuas. Desde 2017, as relações entre o Uzbequistão e o Quirguistão têm vindo a crescer rapidamente, e o crescimento é evidente não só na esfera económica, mas também nas esferas social e cultural. A partir de 1 de janeiro de 2023, 320 empresas com capital do Quirguizistão estão a operar no Uzbequistão. 66 delas foram criadas em 2022.

60 empresas com a participação de investimento uzbeque estão a operar no Quirguizistão. 22 delas são empresas comuns, 38 são empresas com participação total de capital uzbeque.

No domínio dos transportes, o volume do transporte internacional de mercadorias em 2022 foi de 5 milhões de toneladas (+40,3%). 1,9 milhão dele. toneladas - transporte ferroviário, 3 milhões de toneladas - transporte rodoviário.

Além disso, o Uzbequistão está atualmente a considerar a possibilidade de realizar projectos conjuntos, tais como a organização da produção de veículos comerciais e de passageiros, a construção e expansão de empresas de fiação e têxteis e a produção de materiais de construção.

A cooperação no domínio dos transportes e da logística é importante. As rotas de trânsito que atravessam o Uzbequistão são de grande importância económica para o Quirguizistão, estando a ser implementados novos projectos de infra-estruturas nesta área. Os dirigentes do Uzbequistão e do Quirguizistão organizam regularmente visitas oficiais e mantêm conversações sobre o desenvolvimento das relações bilaterais. Durante estas reuniões são assinados muitos documentos importantes. O Presidente do Usbequistão efectuou uma visita de Estado à República do Quirguizistão em 26 e 27 de janeiro de 2023. (Foto 4)

Shavkat Mirziyoyev e Sadir Japarov assinaram a declaração sobre a parceria estratégica global entre a República do Usbequistão e a República do Quirguizistão. Além disso, foram trocados mais de 20 documentos sobre a cooperação em vários domínios na presença dos Chefes de Estado. O serviço de miniautocarros de Ferghana para o Quirguizistão foi restabelecido. Este serviço existiu até 2020, mas foi interrompido devido à pandemia. A partir de 26 de janeiro, foi restabelecido o serviço de miniautocarros na rota internacional "Fergana - Kuvasoy - Kyzil-Kiya". A distância total da rota é de 39,5 quilómetros. O preço do bilhete é de 12 mil soums.[7] Os mini-autocarros partem às 7h20 de Kizil-Kiya e Fergana. Dependendo da procura, está planeado aumentar o número de viagens no futuro; foram assinados documentos que estabelecem que os cidadãos do Uzbequistão e do Quirguizistão podem utilizar cartões de identificação para entrar em ambos os países.

---

[7] https://t.me/xushnudbek/18029

Imagem 4: A reunião dos chefes de Estado dos dois países[8]

A cooperação cultural e educativa entre o Uzbequistão e o Quirguizistão tem vindo a desenvolver-se. Realizam-se eventos culturais, festivais e conferências científicas mútuas e estão a ser implementados programas de intercâmbio de estudantes. Existem duas instituições de ensino superior no Quirguizistão que formam especialistas em uzbeque (Fig. 5)

Imagem 5: Universidade do Quirguizistão-Uzbeque

As línguas e culturas uzbeque e quirguize são próximas, o que contribui para reforçar a cooperação. O Usbequistão e o Quirguizistão cooperam estreitamente no domínio da gestão e da segurança das fronteiras. Estão a ser introduzidas novas tecnologias e métodos neste domínio. A cooperação no domínio dos recursos hídricos é de grande importância para os dois países. Foram assinados vários acordos sobre a utilização racional de rios como o Amudarya e o Syrdarya. A cooperação no domínio da energia é importante, especialmente na área do fornecimento de eletricidade e de gás. Estão a ser executados projectos conjuntos neste domínio. A cooperação entre o Uzbequistão e o Quirguizistão desempenha um papel importante na estabilidade regional, no crescimento económico e no desenvolvimento de laços culturais. Esta cooperação reforçará ainda mais a posição dos dois países na cena internacional.

2.4 Evolução do volume de negócios no comércio externo entre o Usbequistão e o Tajiquistão

Relações Uzbequistão-Tajiquistão - As condições de vida, as tradições e o estilo de vida dos povos tajique e uzbeque são extremamente próximos. Como referiu o Presidente da República do Usbequistão, Islam Karimov, os povos usbeque e tajique são uma nação que fala duas línguas. Sabe-se pela história que estes dois povos se uniram no passado, lutaram pela sua liberdade e liberdade e criaram monumentos arquitectónicos imortais e obras-primas de arte. Ao longo dos séculos, muitos artistas tajiques e uzbeques trabalharam como professores e alunos uns dos outros. As relações económicas externas entre os dois países estão estabelecidas desde 20 de outubro de 1992. Em 2023, o volume de negócios comercial entre os dois países ascendeu a 756,8 milhões de dólares americanos. Especificamente: exportação - 605,0 milhões de dólares americanos, e exportação - 151,8 milhões de dólares americanos.

As relações entre o Usbequistão e o Tajiquistão melhoraram significativamente nos últimos anos e estão a desenvolver-se em muitos domínios. Segue-se uma descrição mais pormenorizada dos principais domínios destas relações e da sua importância:

Cooperação económica

1. Comércio: O volume do comércio entre o Usbequistão e o Tajiquistão está a aumentar. Em 2022, o volume de negócios comercial entre os dois países ultrapassou os 500 milhões de dólares americanos, o que registou um aumento de 20% em relação a 2021. Os bens comercializados incluem produtos agrícolas, automóveis, bens industriais e recursos energéticos.

2. Empresas comuns: O Uzbequistão e o Tajiquistão estão a reforçar os laços económicos mútuos através da criação de empresas comuns. Estas empresas operam em vários sectores, incluindo a indústria, a agricultura e os serviços.

Cooperação política

1. Visitas de alto nível: Os Presidentes do Uzbequistão e do Tajiquistão, Shavkat Mirziyoyev e Emomali Rahmon, encontram-se regularmente. Estas reuniões são importantes para reforçar as relações bilaterais e definir novas direcções de cooperação.

2. Acordos e convénios: Estão a ser assinados muitos acordos e convénios entre os dois países, nomeadamente nos domínios do comércio, da energia, dos transportes e da cultura. Estes acordos contribuirão para alargar a cooperação entre os dois países.

O Presidente do Usbequistão efectuou uma visita oficial ao Tajiquistão em 18 de abril de 2024. Durante a visita, foram assinados 28 documentos que abrangem quase todas as direcções da cooperação multilateral entre o Usbequistão e o Tajiquistão. Entre eles:

- Acordo de cooperação no domínio da indústria;

- Acordo de cooperação no domínio da proteção da propriedade industrial;

o Acordo de cooperação no domínio da certificação de pessoal científico e científico-pedagógico altamente qualificado;

- Acordo de cooperação científica entre academias de ciências;

o protocolos sobre alterações e aditamentos aos acordos relativos aos pontos de passagem de fronteira e ao tráfego rodoviário e aéreo internacional;

- Protocolo relativo à cooperação no domínio da segurança veterinária e alimentar;

- Protocolo sobre a cooperação entre as agências para o desenvolvimento da concorrência e a proteção dos direitos dos consumidores;

- "roteiros" para o desenvolvimento da cooperação no domínio da cultura e do turismo e da cooperação no complexo agroindustrial;

- Acordos de cooperação entre as regiões de Andijan, Namangan, Syrdarya, Fergana, Khorezm e a região de Sogd, a região de Kashkadarya e a região de Khatlon e "roteiro" para 2024-2026 e outros documentos.[9]

Cooperação cultural e humanitária

1. Actividades culturais: Existem programas de intercâmbio cultural entre o Uzbequistão e o Tajiquistão. No âmbito destes programas, são organizadas jornadas culturais, exposições de arte, festivais literários e eventos folclóricos.

2. Cooperação no domínio da educação e da ciência: No domínio da educação, existe uma cooperação entre universidades e instituições de investigação científica dos dois países. Neste domínio, estão em curso

---

[9] https://www.gazeta.uz/oz/2024/04/18/agreements/

intercâmbios de estudantes, projectos de investigação conjuntos e conferências.

O Centro Cultural Nacional Tajique Republicano, que reúne 15 centros culturais nacionais tajiques em todo o país, está a funcionar com êxito no Uzbequistão. Existem 250 escolas no país onde o ensino é ministrado em língua tajique (55 das quais são inteiramente ministradas em língua tajique). As universidades de Samarkand, Termiz e Fergana têm grupos onde as aulas são ministradas em tajique. São publicadas quatro publicações periódicas em tajique, são transmitidos cinco programas de televisão e 30 programas de rádio.

Cooperação em matéria de segurança

1. Gestão das fronteiras: A cooperação entre o Usbequistão e o Tajiquistão em matéria de segurança e gestão das fronteiras foi reforçada. Neste sentido, estão a ser desenvolvidos esforços conjuntos para reforçar as medidas de segurança nos pontos de fronteira e demarcar as fronteiras.

2. Luta contra o terrorismo e o extremismo: Ambos os países cooperam na luta contra o terrorismo internacional e o extremismo. Neste domínio, estão a ser realizados intercâmbios de informações, operações conjuntas e consultas em matéria de segurança.

Gestão dos recursos hídricos

1. Utilização da água: O Usbequistão e o Tajiquistão cooperam na gestão dos recursos hídricos. Esta questão é importante para a região e existem acordos sobre a utilização eficaz da água e a distribuição equitativa dos recursos. A cooperação está a desenvolver-se especialmente nas bacias do Amudarya e do Syrdarya.

Projectos conjuntos

1. Infra-estruturas e transportes: O Usbequistão e o Tajiquistão executam projectos conjuntos no domínio das infra-estruturas e dos transportes. Está em curso a cooperação para o desenvolvimento de novos

caminhos-de-ferro, auto-estradas e outras infra-estruturas de transportes. Por exemplo, o projeto ferroviário Uzbequistão-Quirguizistão-Tajiquistão desempenha um papel importante na melhoria das ligações de transportes na região.

2. Agricultura: Estão a ser desenvolvidos projectos conjuntos no domínio da agricultura através do intercâmbio de tecnologias e de experiências. A cooperação entre agricultores e empresas agrícolas dos dois países está a aumentar neste domínio.

Parcerias futuras

1. Novos domínios: Prevê-se que a cooperação entre o Usbequistão e o Tajiquistão se alargue a novos domínios no futuro, incluindo o turismo, a ecologia e a economia digital. Está prevista a realização de novos projectos e iniciativas nestes domínios.

2. Investimentos: O clima de investimento entre os dois países está a melhorar. O Usbequistão e o Tajiquistão estão a assinar acordos de promoção e proteção mútua dos investimentos.

As relações entre o Usbequistão e o Tajiquistão constituem um importante fator de estabilidade e desenvolvimento não só para os dois países, mas também para toda a região da Ásia Central. O desenvolvimento desta parceria reforçará ainda mais o crescimento económico, a segurança e os intercâmbios culturais na região.

2.5 Relações económicas externas Uzbequistão-Turquemenistão

Foram estabelecidas relações de estreita vizinhança e amizade entre a República do Usbequistão e o Turquemenistão, e o nível de cooperação em todos os aspectos das relações interestatais está a aumentar. Atualmente, a parceria estratégica entre os nossos países irmãos baseia-se numa amizade secular, em relações de boa vizinhança e numa estreita cooperação comercial, económica e humanitária.

A vontade política e a confiança dos dirigentes dos dois países desempenham um papel importante no desenvolvimento e no reforço das relações entre o Usbequistão e o Turquemenistão.

As relações entre o Usbequistão e o Turquemenistão caracterizam-se por uma cooperação bilateral de alto nível. Os acordos de alto nível e os documentos relativos à cooperação política, comercial e económica, científica e técnica, cultural e humanitária constituem uma base sólida para a expansão das relações bilaterais mutuamente benéficas em vários domínios. Desde 1991 até à data, foram efectuadas 21 visitas de alto nível dos dirigentes dos dois países. O Presidente do Usbequistão visitou o Turquemenistão 10 vezes, enquanto o Presidente do Turquemenistão visitou o Usbequistão 11 vezes. (Fig. 6)

Imagem 5: Reunião dos dirigentes dos dois países

Sabe-se que a primeira visita de Shavkat Mirziyoyev ao estrangeiro enquanto Presidente da República do Usbequistão foi feita ao Turquemenistão em março de 2017. No final da visita, foi assinado um documento historicamente importante - o Acordo de Parceria Estratégica, bem como contratos com um valor total de 150 milhões de dólares. Em abril de 2018, durante a visita do Presidente do Turquemenistão, Gurbanguly Berdimuhamedov, ao nosso país, a abertura do parque "Ashkhabad" e da rua Makhtumkuli em Tashkent, a casa da amizade uzbeque-turquemena e o complexo "Ulli Khovli" na região de Khorezm tornaram-se um exemplo brilhante de amizade, unidade e proximidade cultural entre os nossos povos. Além disso, foram estabelecidas relações estreitas a nível dos governos e ministérios dos dois países. Em particular, em novembro de 2020, a primeira reunião conjunta dos grupos de amizade interparlamentar Uzbequistão-Turquemenistão foi realizada sob a forma de videoconferência e, em março deste ano, a reunião seguinte do grupo de amizade interparlamentar Oliy Majlis foi realizada sob a forma de comunicação vídeo com o Majlis do Turquemenistão. Em maio do corrente ano, a delegação da administração da cidade de Tashkent participou na reunião internacional dedicada ao 140º aniversário da cidade de Ashgabat. Além disso, em setembro, a delegação da região de Lebap do Turquemenistão visitou a região de Bukhara e os representantes da região de Tashkhovuz visitaram Khorezm. Durante a visita, a parte turcomena ficou a conhecer o potencial turístico das nossas regiões e discutiu questões de cooperação transfronteiriça.

O Turquemenistão é um importante parceiro comercial estratégico do Usbequistão. Desde 1996, a Comissão Intergovernamental Mista Uzbequistão-Turquemenistão para o Comércio e a Cooperação Económica tem vindo a funcionar. A décima sexta reunião da Comissão Mista Intergovernamental realizou-se em 14 de setembro do corrente ano. Nela, as partes discutiram as questões do aprofundamento da cooperação mútua e da expansão das relações humanitárias em vários sectores da economia. Ao mesmo tempo, o desenvolvimento do comércio transfronteiriço, o reforço das relações bilaterais e o aumento do potencial de trânsito dos nossos países foram discutidos como áreas promissoras de cooperação mútua. No que diz respeito à cooperação comercial e económica, vale a pena notar que o volume de comércio entre os nossos países nos últimos cinco anos ascendeu a 1.094,4 milhões de dólares americanos em 2023. De janeiro a agosto de 2021, o volume do comércio mútuo entre o Uzbequistão e o Turquemenistão ascendeu a 418,1 milhões de dólares. Este indicador aumentou 23,6% em relação ao período correspondente de 2020. Em oito meses de 2021, produtos químicos, máquinas e equipamentos e produtos alimentícios foram exportados do Uzbequistão para o Turcomenistão, enquanto eletricidade, petróleo e produtos químicos, alimentos e serviços foram importados do país vizinho.

As Câmaras de Comércio e Indústria do Uzbequistão e do Turquemenistão contribuem regularmente para a organização de eventos conjuntos, fóruns empresariais, intercâmbios de cooperação, exposições e feiras entre representantes de pequenas e médias empresas, a fim de desenvolver as relações entre os empresários dos dois países.

Em outubro de 2020, realizou-se a primeira reunião do Conselho Empresarial do Usbequistão e do Turquemenistão, sob a forma de comunicação por videoconferência, com a participação de representantes dos círculos empresariais dos dois países. O domínio dos transportes e da logística é outra direção prioritária da nossa cooperação. Em particular, para fins comerciais, as mercadorias em trânsito são transportadas para um país terceiro através das estradas e caminhos-de-ferro de dois países. Em particular, nos oito meses deste ano, o volume do transporte internacional de carga aumentou 13,5% e foi de mais 1,2 milhões de toneladas em comparação com o mesmo período do ano passado. Deste modo, o volume do transporte de carga por automóvel aumentou 10,5% e por caminho de ferro 34,4%.

A integração dos sistemas de comunicação dos dois países criará uma oportunidade para ir não só do Usbequistão para o Turquemenistão, mas também para os mercados comerciais do Próximo e Médio Oriente através do itinerário mais curto. Por conseguinte, os nossos países aprovam unanimemente as questões da diversificação das rotas de transporte e logística. No âmbito do acordo de Ashgabat, está a ser formado o corredor sub-regional de transportes "Rússia-Cazaquistão-Uzbequistão-Turquemenistão-Irão-Omã-Índia". Este corredor servirá de saída alternativa para os mercados estrangeiros no futuro. Além disso, foi declarado que estão dispostos a envidar esforços conjuntos para criar a rota "China - Ásia Central - Mar Cáspio - Sul do Cáucaso - Europa". Este corredor de transporte destina-se a dar acesso aos portos do Mar Negro da Geórgia, da Turquia, da Roménia e de vários outros países. A cooperação cultural e humanitária é uma das prioridades das relações bilaterais entre o Usbequistão e o Turquemenistão. Atualmente, os representantes do Usbequistão e do Turquemenistão participam ativamente em dias culturais, vários concertos, festivais, eventos desportivos e programas educativos realizados em ambos os países. Em particular, em 2019, o Fórum dos Intelectuais da CEI e o Fórum da Saúde foram realizados no Turquemenistão, "Sharq Taronalari" e os Festivais Internacionais de Artesanato foram realizados no Uzbequistão.

Em 2020, os representantes da arte e da cultura do Turquemenistão e do Uzbequistão, apesar das condições complexas da pandemia, mantiveram relações mútuas em linha e na forma tradicional. Atualmente, vivem no Uzbequistão cerca de 200 000 turcomanos. Ao mesmo tempo, existem 61 escolas que ensinam a língua turcomena no nosso país, onde estudam cerca de 8 mil crianças turcomanas. Destas, o ensino é ministrado inteiramente na língua turcomena num total de 21 escolas. No ano letivo de 2019-2020, um total de 3800 estudantes de países da Ásia Central estudaram em instituições de ensino superior no nosso país, 80 por cento dos quais são jovens do Turquemenistão. Atualmente, a maioria dos estudantes do Turquemenistão estuda nas Universidades Estaduais de Urganch, Karakalpak, Bukhara e

Karshi, no Instituto Médico Estatal de Bukhara, na filial de Urganch da Academia Médica de Tashkent.

De um modo geral, as taxas de crescimento das relações bilaterais entre o Usbequistão e o Turquemenistão confirmam a sua firme posição em relação a um maior reforço do diálogo político construtivo, ao desenvolvimento de uma cooperação comercial e económica mutuamente benéfica e ao aprofundamento das relações culturais e humanitárias. A parceria estratégica entre os nossos países baseia-se nos princípios da amizade, da boa vizinhança, do respeito e da confiança mútuos e constitui um exemplo vivo da forma como as relações entre as nossas nações irmãs se podem desenvolver no mundo moderno.

A estreita cooperação entre os dois países no domínio do petróleo e do gás é extremamente importante. A execução do projeto em grande escala de construção do gasoduto transnacional "Turquemenistão-Uzbequistão-Cazaquistão-China", que constitui um exemplo claro da cooperação eficaz entre os dois países neste domínio. As relações entre o Usbequistão e o Turquemenistão constituem um importante fator de estabilidade e desenvolvimento não só para os dois países, mas também para toda a região da Ásia Central. O desenvolvimento desta parceria reforçará ainda mais o crescimento económico, a segurança e os intercâmbios culturais na região.

2.6 Relações económicas externas Uzbequistão-Afeganistão

As relações entre o Usbequistão e o Afeganistão são de importância estratégica na região da Ásia Central e têm sido historicamente complexas e multifacetadas. Nos últimos anos, as relações entre os dois países desenvolveram-se significativamente e está a ser implementada uma cooperação ativa em vários domínios. O desenvolvimento da cooperação multilateral com o Afeganistão, o estabelecimento de relações construtivas e mutuamente benéficas com os países vizinhos e o reforço da segurança e da estabilidade regionais constituem uma das tarefas importantes da política externa do Usbequistão. Os dois países iniciaram a cooperação mútua em 13 de outubro de 1992. Atualmente, o volume de negócios do comércio externo entre os dois países ascende a 867 milhões de dólares americanos. Deste montante, 856,7 milhões de dólares americanos correspondem a exportações e os restantes 10,3 milhões de dólares americanos a importações. O Uzbequistão exporta eletricidade, produtos petrolíferos, produtos agrícolas e produtos industriais para o Afeganistão. (Quadro 2)

	2021	2022	2023
Comércio exterior	673,7	765,6	867,0
Eksport	667,5	756,3	856,7
Importação	6,2	9,3	10,3
Equilíbrio	661,5	747,0	846,4

Este quadro foi compilado pelo autor com base na informação fornecida pelo Comité de Estatística do Uzbequistão.

O Usbequistão sempre apoiou o estabelecimento da paz e da estabilidade no Afeganistão o mais rapidamente possível. É de salientar que a cooperação comercial, económica e em matéria de investimentos entre o Usbequistão e o Afeganistão tem grandes perspectivas e tem vindo a desenvolver-se rapidamente nos últimos três anos. Após a eleição de Mirziyoyev como Presidente do Uzbequistão, abriu-se uma nova página nas relações entre o Uzbequistão e o Afeganistão. Em janeiro de 2017, a delegação governamental do Usbequistão regressou ao Afeganistão. Nos últimos três anos, o Presidente do Afeganistão deslocou-se duas vezes a Tashkent em visitas oficiais e de trabalho. Além disso, os dirigentes dos dois países mantêm regularmente conversações telefónicas, a última das quais teve lugar em 2 de agosto deste ano, em que foram debatidas as infra-estruturas prioritárias para apoiar o desenvolvimento sustentável do Afeganistão e a sua participação ativa nos processos económicos regionais, tendo sido dada grande atenção à promoção de projectos de investimento. O agravamento da situação epidemiológica foi observado em muitos países, incluindo o Afeganistão. Neste período, por iniciativa do Presidente do Uzbequistão, em abril deste ano, foram enviadas para o Afeganistão 600 toneladas de ajuda humanitária, incluindo fatos-macaco de proteção, hipoclorito de sódio, respiradores, luvas, pirómetros, vestuário para crianças e produtos alimentares. Note-se que este não é o primeiro carregamento humanitário: em janeiro de 2018, 25 autocarros e equipamento agrícola foram enviados para o Afeganistão em nome do Presidente do Uzbequistão. Em junho, 3 000 toneladas de trigo alimentar foram enviadas para o Afeganistão como ajuda humanitária devido à falta de colheitas devido à seca.

Atualmente, 658 empresas com a participação de capital afegão, incluindo 195 empresas mistas e 463 empresas com 100% de capital estrangeiro, estão a operar no Uzbequistão. Ao mesmo tempo, 234 empresas (35%) com participação de capital afegão foram estabelecidas na região de Surkhandarya.

O Afeganistão é claramente caracterizado pela escassez de eletricidade, uma vez que a sua própria capacidade de produção não consegue cobrir totalmente a procura de eletricidade e o volume das importações de eletricidade depende do montante da assistência financeira externa. Em 2018, o Afeganistão produziu 1,1 mil milhões de kWh de eletricidade e importou 4,6 mil milhões de kWh, o que significa 4 vezes mais do que a quantidade que produz. O volume insuficiente de produção e importação, a indisponibilidade generalizada da rede de linhas de transporte de energia não permitem satisfazer as necessidades de eletricidade dos sectores económicos e da população. No Afeganistão, apenas 30% da população está ligada à rede de eletricidade. A maior parte da população rural, que representa 75% da população total do Afeganistão, continua sem eletricidade. A fim de resolver os problemas no domínio da energia no Afeganistão, foi desenvolvido o Programa Nacional de Abastecimento de Energia, que inclui o Plano Diretor para o desenvolvimento da energia até 2032, no âmbito do qual a população e a economia do país serão abastecidas com eletricidade de 30% a 83%. Prevê-se o aumento da população rural de 28% para 65% e da população urbana para 100%. A execução do projeto de construção da linha de transporte de energia eléctrica "Surkhan - Puli-Khumri", com 260 km de comprimento, da região de Surkhandarya a Puli-Khumri, região de Boghlan, no Afeganistão, está igualmente em conformidade com os planos a longo prazo para o desenvolvimento do abastecimento energético do Afeganistão e com as condições para o desenvolvimento da indústria no país. Além disso, esta linha de transporte de eletricidade permite ligar o sistema energético do Afeganistão ao sistema energético unificado do Uzbequistão e da Ásia Central. Note-se que o Uzbequistão fornece regularmente eletricidade ao Afeganistão desde 2002. O Afeganistão recebe 52% da sua eletricidade do Uzbequistão, 18% do Tajiquistão e 15% do Irão e do Turquemenistão. De 2002 a 2019, o volume de fornecimento de eletricidade do Usbequistão ao Afeganistão aumentou de 62 milhões de kWh para quase 2,6 mil milhões de kWh, ou seja, aumentou 40 vezes. Em 2018, 2,5 mil milhões de kWh de eletricidade foram fornecidos ao Afeganistão por 166 milhões de dólares, e o preço da eletricidade fornecida foi reduzido em 35%.

Tendo em conta que os contratos de fornecimento de eletricidade são elaborados todos os anos, no final de 2019, foi assinado um contrato de 10 anos no valor de 4,2 mil milhões de dólares com empresas de energia afegãs em condições aceitáveis para as mesmas. Cooperação no domínio dos transportes: o projeto conjunto de construção da linha ferroviária Mazari Sharif - Herat constituirá um novo corredor de transportes transafegão como extensão da linha ferroviária Khairaton - Mazari Sharif. Além disso, estão também a ser estudadas questões relativas à construção da linha ferroviária Mazari-Sharif-Peshowar. A execução destes projectos não só criará condições favoráveis ao comércio mútuo, como também aumentará a capacidade de trânsito de ambos os países, ligará as regiões da Ásia Central e do Sul e abrirá o acesso dos países da Ásia Central aos portos paquistaneses de Gwadar e Karachi. Com o início da cooperação ativa no domínio dos transportes, em 2017, o volume de carga transportada através do território do Uzbequistão no Afeganistão aumentou 70% em relação a 2016. Em 2019, o volume de carga ferroviária internacional de e para o Afeganistão ascendeu a 5,15 milhões de toneladas. No mesmo ano, a "Uzbekistan Railways" JSC estabeleceu um desconto de 20% no transporte de grãos e farinha do Cazaquistão para o Afeganistão, bem como cancelou pagamentos adicionais para mercadorias comerciais exportadas do Afeganistão. Este facto contribuiu para o aumento do volume do transporte ferroviário de mercadorias para ambos os países.

Em 2020, foram estabelecidas algumas concessões e preferências para o transporte de carga ferroviária para o Afeganistão. Em especial, foram introduzidos descontos de 45% a 65% para o transporte de farinha do Usbequistão para o Afeganistão. Além disso, são concedidos descontos de 20% a 50% para o trânsito de farinha e de produtos petrolíferos. Foram suprimidas todas as taxas adicionais aplicáveis às mercadorias exportadas do Afeganistão, com exceção das taxas relativas ao tratamento de documentos. Foi introduzido um desconto de 50% para o desalfandegamento de todos os tipos de mercadorias.

Mesmo durante a pandemia do coronavírus, a dinâmica do transporte de carga em direção ao Afeganistão mostra uma taxa de crescimento constante. No primeiro semestre deste ano, o volume de transporte ferroviário de carga do Afeganistão ascendeu a 2,2 milhões de toneladas, o que representa mais 50,7% do que no mesmo período de 2019. O centro logístico internacional "Termiz Cargo" foi estabelecido no terminal aduaneiro de Termiz, a fim de facilitar os fluxos de carga de exportação-importação e trânsito entre os dois países. Este centro logístico está planeado para ser equipado com novas linhas de triagem e embalagem para a transformação e exportação de frutas e legumes do Afeganistão para países terceiros. Atualmente, o terminal tem capacidade para receber até 300 camiões de cada vez, bem como vias férreas e armazéns para guardar contentores.

O "centro educativo" usbeque-afegão foi criado na cidade de Termiz para apoiar a formação de pessoal muito procurado no Afeganistão, onde cerca de 200 jovens usbeques estudam filologia, transporte ferroviário, agricultura e outros. Ao mesmo tempo, metade dos custos de formação serão pagos pela parte afegã e o resto será suportado pelo Usbequistão.

O Ministério do Ensino Superior e Secundário Especial, a União Europeia e o Programa das Nações Unidas para o Desenvolvimento no Usbequistão anunciaram uma iniciativa transfronteiriça destinada a apoiar as oportunidades económicas das mulheres afegãs que recebem bolsas de estudo para ensinar. A União Europeia concedeu uma subvenção de 2 milhões de euros para financiar esta iniciativa. Esta subvenção será executada pelo PNUD até 2025. No âmbito desta subvenção, jovens mulheres do Afeganistão receberão formação no domínio da agricultura com o apoio da Universidade Agrária de Tashkent.

Além disso, o Presidente do Usbequistão tomou a iniciativa de criar um fundo especial de apoio à educação internacional no Afeganistão. O principal objetivo do fundo é formar jovens nas especialidades necessárias, conceder bolsas de estudo e subsídios a estudantes e jovens cientistas talentosos.

O Usbequistão e o Afeganistão estão mutuamente interessados numa maior expansão da cooperação comercial, económica e em matéria de investimentos e procuram novas vias de cooperação económica, não só no domínio do comércio, mas também no domínio dos investimentos.

Os transportes e a energia continuam a ser domínios estratégicos de cooperação. Com a participação de especialistas e investimentos uzbeques, serão prosseguidos os trabalhos de recuperação de 5 empresas têxteis e 3 empresas petrolíferas no Afeganistão. A participação de empresas usbeques nos projectos de reconstrução de estradas e de construção de instalações hidráulicas no território da República Islâmica do Afeganistão constitui uma direção de cooperação promissora. Além disso, as tarefas do centro logístico "Termiz-Cargo", por exemplo, a criação de um centro de distribuição grossista com as infra-estruturas necessárias, incluindo armazéns, bem como preferências fiscais e aduaneiras para as entidades empresariais que aí operam É desejável melhorá-lo e expandi-lo. Continuar a melhorar as condições para o desenvolvimento do comércio fronteiriço e a execução de projectos de investimento para a criação de empresas comuns (farinha, produtos de panificação, óleo vegetal, materiais de construção, têxteis, calçado e outros produtos) na zona fronteiriça com o Afeganistão. A agricultura é também um dos domínios de cooperação promissores. O Afeganistão é um grande produtor de produtos agrícolas, semelhante aos uzbeques em muitos tipos de mercadorias. Tendo em conta que a transformação de produtos agrícolas foi estabelecida no Usbequistão, este facto abre oportunidades para a formação de relações de cooperação, empresas comuns e cadeias de produção. Por sua vez, os peritos afegãos manifestaram interesse em investir em projectos de cultivo de ervas medicinais (15 hectares) e de espinheiro (100 toneladas por ano) na região de Surkhandarya.

Tendo em conta o atual nível de desenvolvimento das relações comerciais e económicas com o Afeganistão, é conveniente alargar o quadro jurídico que regula as relações comerciais e económicas. Em especial, é conveniente estudar as possibilidades de concluir um acordo sobre comércio preferencial com o Afeganistão, a fim de aumentar o volume e alargar os tipos de exportações de produtos usbeques para o mercado afegão.

Além disso, a conclusão de acordos sobre o reconhecimento dos resultados do registo de medicamentos e dispositivos médicos produzidos no Uzbequistão no Afeganistão aumentaria as oportunidades de fornecimento de produtos farmacêuticos locais ao Afeganistão, cuja procura é devida ao coronavírus. só aumentará nas condições da pandemia.

A cooperação entre o Usbequistão e o Afeganistão não é apenas bilateral, mas também "um lugar-uma estrada", a linha eléctrica "CASA-1000", o gasoduto TAPI (gasoduto principal "Turquemenistão-Afeganistão-Paquistão-Índia") podem desenvolver-se no âmbito da participação na execução de projectos internacionais.

Em conclusão, a cooperação comercial, económica e de investimento com o Afeganistão tem grandes perspectivas de garantir a estabilidade e a segurança na região, o que é de interesse não só para os países da região, mas também para toda a comunidade mundial, e a cooperação mutuamente benéfica a longo prazo neste sentido é para nós uma grande prioridade.[10]

---

[10] https://review.uz/uz/post/ozbekiston-afgoniston-iqtisodiyotini-tiklash-va-rivojlantirishga-afgon-xalqining-turmushini-yaxshilashga-katta-hissa-qoshmoqda

CAPÍTULO III RELAÇÕES ECONÓMICAS EXTERNAS DO UZBEQUISTÃO COM PAÍSES ESTRANGEIROS DISTANTES

3.1 Condução das relações económicas externas com os países da CEI

Nenhum país do mundo pode desenvolver-se sem desenvolver relações económicas com o estrangeiro. Porque qualquer país economicamente muito desenvolvido é obrigado a vender muitos produtos industriais no estrangeiro e a comprar alguns produtos que escasseiam. Os países do mundo têm relações económicas externas muito diferentes entre si. O Uzbequistão independente está a entrar rapidamente não só na política mundial, mas também na economia mundial e esforça-se por estabelecer e desenvolver relações comerciais com vários países. As relações económicas externas constituem um dos domínios mais importantes da cooperação internacional. A melhoria crescente das relações económicas, científicas, técnicas e culturais com diferentes países permitirá equipar alguns sectores com equipamento e tecnologia modernos e utilizar eficazmente a terra, a água, os recursos minerais e os recursos laborais. Atualmente, a república dispõe de grandes oportunidades para participar ativamente na divisão internacional do trabalho, no estabelecimento efetivo e na expansão das relações económicas externas. Desde a antiguidade, o Usbequistão situa-se na antiga rota das caravanas - a Grande Rota da Seda - e tem mantido relações económicas activas com o mundo exterior (Ocidente e Oriente). Com a honra da independência, foi aberta uma nova direção na economia do nosso país - uma ampla via de cooperação com o mundo exterior em vários domínios. Atualmente, o Uzbequistão tem capacidade para o trânsito internacional de mercadorias, capitais e mão de obra, para a integração na economia mundial e para a realização de grandes projectos transnacionais e internacionais. A fim de desenvolver e regular as relações económicas externas no país, foram criados a Agência das Relações Económicas Externas, o Banco Nacional das Relações Económicas Externas e o Comité Aduaneiro.

Foi desenvolvida uma nova estratégia no domínio das relações económicas externas, na qual foram determinadas direcções como a eliminação da orientação para a exportação de matérias-primas e o apoio à expansão do fluxo de investimentos estrangeiros. O país desenvolveu um sistema de relações económicas externas e os princípios fundamentais para o seu estabelecimento. Foram criados factores políticos, jurídicos e organizacionais para o estabelecimento de relações com empresas e sistemas bancários estrangeiros. Foram adoptadas as seguintes leis e regulamentos: "Sobre a atividade económica externa"[11] , "Sobre a melhoria do sistema de gestão no domínio das relações económicas e comerciais externas, a atração de investimentos estrangeiros"[12] e uma série de outras leis e regulamentos. O Uzbequistão entrou corajosamente na comunidade mundial e mantém relações económicas, técnicas, comerciais e culturais com muitos países. As relações externas estão a desenvolver-se tanto a nível multilateral como bilateral. Está a ser criada uma oportunidade para desenvolver a atividade económica no nosso país em grande escala, para nos familiarizarmos com a tecnologia e os processos económicos de produção em países altamente desenvolvidos, para estabelecermos joint ventures, supermercados e sucursais comerciais em cooperação com investidores estrangeiros. Antes da independência do Uzbequistão, a atividade económica estrangeira no país estava à disposição dos ministérios competentes da antiga União e, nessa altura, os ministros da República limitavam-se à implementação das relações económicas internas. A partir da segunda metade dos anos 80, começou a funcionar no Uzbequistão uma estrutura estatal empenhada no desenvolvimento das relações económicas externas. O Uzbequistão conseguiu uma cooperação económica independente com países estrangeiros. Esta questão tornou-se uma das direcções prioritárias do

---

[11] https://lex.uz/docs/-67345
[12] https://lex.uz/docs/-659627

desenvolvimento da república. No início, a associação "Uzkhorizhsavdo" operava nesta direção. A associação, que cumpre ordens do Estado e é apoiada por subsídios, traz receitas em moeda estrangeira para o Estado. Em 12 de julho de 1990, foi criado o Comité Estatal para o Comércio Externo e as Relações Externas do Uzbequistão. Em 12 de fevereiro de 1992, este comité estatal foi transformado no Ministério das Relações Económicas Externas. O trabalho do Ministério das Relações Económicas Externas foi reorganizado com base na decisão do Conselho de Ministros da República, de 17 de novembro de 1994, intitulada "As principais orientações e a nova estratégia da atividade económica externa da República do Usbequistão" sobre o desenvolvimento e a regulamentação das relações económicas externas.

A nova estratégia da República do Usbequistão no domínio das relações económicas externas inclui:

    Centralização das operações de exportação-importação;

    reforço do controlo da exportação e importação de bens necessários às necessidades do Estado;

    facilitar a exportação de bens de importância não estratégica para o Estado;

    reforço do controlo das receitas em divisas provenientes da exportação de bens estrategicamente importantes, etc.

Tal como referido nas obras do Presidente I.A. Karimov, o Usbequistão tem seguido os seguintes princípios básicos na formação das relações políticas e económicas externas desde os primeiros anos da independência:

Generalização dos interesses nacionais do Estado, tendo em conta os interesses mútuos em todos os aspectos;

    ❖   a igualdade de direitos e o interesse mútuo, a não ingerência nos assuntos internos dos outros países;

❖ abertura à cooperação, independentemente das opiniões ideológicas, empenhamento nas virtudes da universalidade, da paz e da segurança;

❖ prioridade das normas de direito internacional sobre as normas internas do Estado;

❖ desenvolvimento de relações externas com base em acordos bilaterais e multilaterais.

A nova política da república independente no domínio das relações económicas externas está a encontrar o seu lugar na expansão das relações globais com muitos países do mundo.

Uma das principais tarefas da atividade política externa é a definição de "prioridades no domínio de uma política externa profunda, mutuamente benéfica e prática" da "Estratégia de acções para o desenvolvimento futuro do Usbequistão em 2017-2021"[13] aprovada em 7 de fevereiro de 2017, que se reflecte na cláusula 5.2.

De acordo com este documento, são definidas as seguintes prioridades mais importantes no domínio da política externa:

✓ reforçar a independência e a soberania do Estado, reforçar ainda mais a posição e o papel do país como sujeito de pleno direito das relações internacionais, juntar-se às fileiras dos Estados democráticos desenvolvidos, criar uma região de segurança, estabilidade e relações de vizinhança amigáveis em torno do Usbequistão;

✓ Reforçar a influência internacional da República do Usbequistão, transmitir à comunidade mundial informações objectivas sobre as reformas implementadas no país;

---

[13] Presidente sobre as medidas para prosseguir a execução da estratégia de ação nos cinco domínios prioritários de desenvolvimento da República do Usbequistão em 2017-2021 https://lex.uz/docs/-3307879

✓ Melhorar a base regulamentar e jurídica das actividades políticas e económicas externas do Usbequistão, bem como a base contratual e jurídica da cooperação internacional;

✓ Regulamentação das questões de delimitação e democratização da fronteira estatal do Uzbequistão.

Segundo os peritos internacionais, o novo Uzbequistão está a conduzir uma política coerente, eficaz e construtiva, que se distingue pela sua abertura e rapidez. Este facto é importante, uma vez que está a ser levada a cabo no momento atual, em que se verificam mudanças drásticas à escala mundial e se está a formar um novo equilíbrio de forças na cena internacional. A situação moderna da política externa do Usbequistão está a ser formada com base na evolução da situação no mundo e na região, bem como em mudanças em grande escala no país. Este facto contribui para o reforço da posição do nosso país nos índices internacionais num curto espaço de tempo.[14]

Desde os primeiros anos de independência, a República do Usbequistão iniciou actividades económicas com países estrangeiros. A estratégia de política externa do Usbequistão está a abrir novos horizontes no domínio do desenvolvimento da cooperação comercial e económica com países estrangeiros, atraindo investimentos estrangeiros e tecnologias avançadas para a produção e expandindo a geografia das exportações locais.[15] Para o Usbequistão, os principais países do mundo, como a Rússia, a China, os EUA, os países desenvolvidos da região Ásia-Pacífico, em especial a República da Coreia e o Japão, os países europeus e a União Europeia, os países árabes-muçulmanos e os países de língua turca, são mutuamente benéficos, sendo importante o desenvolvimento de uma cooperação multifacetada. (imagem-7)

---

[14] https://yuz.uz/uz/news/yangi-ozbekiston-tashqi-siyosatining-ustuvor-yonalishlari

[15] Sh.M.Mirziyoyev "Yangi O'zbekiston Taraqqiyot stategiyasi"; Editora "O'zbekiston"; Tashkent-2022

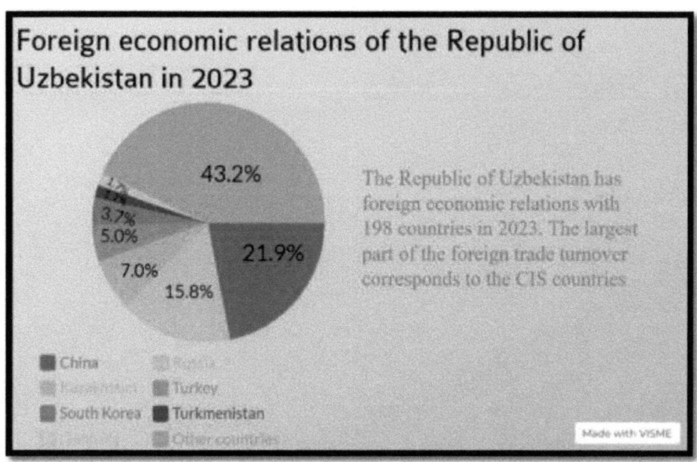

Figura 7. A infografia dos países com elevadas relações económicas externas da República do Usbequistão foi compilada pelo autor com base nas informações fornecidas pelo Comité Estatal de Estatística.

A República do Usbequistão tem vindo a estabelecer relações económicas externas com os países da CEI desde os primeiros anos da independência. Desde essa data, conquistou o seu lugar político no mundo. O volume das exportações e importações com os países da CEI está a aumentar de ano para ano.

O volume de negócios do comércio exterior da República do Uzbequistão com os países da CEI ascendeu a 20.559,5 milhões de dólares americanos de janeiro a dezembro de 2023. Desse valor, a exportação atingiu 8.092,6 milhões de dólares americanos, enquanto a importação foi registrada no valor de 12.466,9 milhões de dólares americanos.[16] O volume mais elevado do volume de negócios do comércio externo da República do Usbequistão com os países da CEI foi registado com a Federação da Rússia (48,1%), o Cazaquistão (21,4%) e o Turquemenistão (5,3%) (imagem 8).

---

[16] O sítio Web oficial do Comité Estatístico Estatal da República do Usbequistão - https://stat.uz/uz/

Figura 8. O volume das relações económicas externas do Uzbequistão com os países da CEI. Esta infografia foi compilada pelo autor com base nos dados do Comité Estatal de Estatística.

As relações entre o Usbequistão e o Cazaquistão estão a desenvolver-se de forma constante. O Cazaquistão é um dos principais parceiros comerciais do Uzbequistão, sendo responsável por uma parte significativa dos produtos trocados entre a República do Uzbequistão e os países da Ásia Central. No entanto, existem muitas oportunidades inexploradas para um maior desenvolvimento das relações comerciais e económicas entre os dois países.

A cooperação bilateral com o Cazaquistão servirá, sem dúvida, para garantir a estabilidade na região e para resolver em conjunto e de forma eficaz os problemas actuais.

Se nos centrarmos na análise geográfica da TSA dos países da CEI:

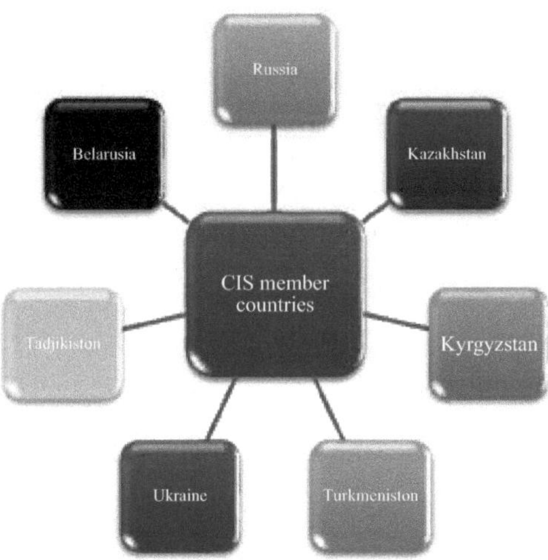

Desde 1991, o Presidente da República do Usbequistão visitou o Cazaquistão 10 vezes e o Presidente do Cazaquistão visitou o Usbequistão 11 vezes.[17]

As relações económicas externas entre o Usbequistão e o Cazaquistão são uma das direcções importantes e em desenvolvimento. A escala da cooperação comercial e económica entre os dois países está a aumentar, prevendo-se um aumento dos investimentos. A cooperação está também a desenvolver-se no domínio da energia, tendo sido estabelecida uma cooperação no domínio dos recursos energéticos, do fornecimento e do apoio à energia. No domínio dos transportes e da logística, a cooperação entre os dois países é levada a cabo na execução de encomendas, transferência de transportes, transferência de transportes na rota de trânsito. No domínio do turismo, desenvolve-se o intercâmbio de informações turísticas entre os dois países, a oferta de pacotes turísticos, os investimentos no domínio do turismo e a cooperação entre outras organizações turísticas. As relações económicas externas entre o Usbequistão e o Cazaquistão são áreas de cooperação em

---

[17] O sítio Web oficial do Ministério dos Negócios Estrangeiros da República do Usbequistão é o seguinte: https://mfa.uz/uz

grande desenvolvimento. Utilizando as potencialidades económicas dos dois países, estão a ser criadas orientações eficazes para o desenvolvimento da cooperação mútua em matéria de comércio, investimentos, energia, transportes e logística, turismo e outros domínios. Esta cooperação abrange a disponibilidade para o desenvolvimento económico, os investimentos, a utilização dos recursos energéticos, os transportes e a logística, a cooperação nos domínios do turismo. Os investimentos entre o Usbequistão e o Cazaquistão estão a aumentar, sendo significativo o papel da cooperação no desenvolvimento de infra-estruturas, no desenvolvimento de redes de energia e no desenvolvimento dos transportes e da logística. No domínio do turismo, o intercâmbio de informações turísticas, a oferta de pacotes turísticos, os investimentos e a cooperação entre outras organizações turísticas estão a aumentar as suas possibilidades. Assim, as relações económicas externas e a cooperação entre o Usbequistão e o Cazaquistão oferecem grandes oportunidades para desenvolver e desenvolver o potencial económico mútuo dos dois países, o que conduz a um maior desenvolvimento da cooperação entre os dois países.

No final de 2023, o volume do comércio mútuo entre os dois países ascendia a 4 398,9 milhões de dólares americanos, ou seja, 7,0% das relações económicas externas da república.

As relações entre o Usbequistão e o Quirguizistão explicam-se pela aplicação coerente dos acordos celebrados no âmbito da cooperação bilateral, com base nos princípios da igualdade e do interesse mútuos.

As relações entre o Usbequistão e o Quirguizistão assentam em relações estáveis, baseadas na compreensão e no respeito mútuos. Estas relações servem os interesses dos povos dos dois países.

Desde 1991, o Presidente da República do Usbequistão visitou o Quirguizistão 2 vezes (16 de janeiro de 1994 e 26-27 de setembro de 2000) e o Presidente do Quirguizistão visitou o Usbequistão 4 vezes (setembro de

1992, dezembro de 1996, novembro de 1998 e outubro de 2006). A Comissão Intergovernamental Uzbequistão-Quirguizistão para a Cooperação Comercial e Económica funciona desde 1996. Até à data, realizaram-se 7 reuniões desta comissão. A última sétima reunião conjunta realizou-se em 28 de dezembro de 2009, em Tashkent.

As relações económicas externas, a cooperação regional e as relações diplomáticas entre os países do Uzbequistão e do Quirguizistão são as áreas de observação do ano, e estão a desenvolver-se relações mais independentes e eficazes entre estes países. A proximidade geográfica dos dois países, a ligação histórica, as semelhanças étnicas e culturais, as principais orientações da política externa, a utilização dos recursos económicos, o aumento da escala económica, o desenvolvimento das relações de exportação-importação, a cooperação diagonal e vertical, etc., estão relacionados com muitos factores. As relações económicas externas entre o Uzbequistão e o Quirguizistão baseiam-se na cooperação económica global moderna e nas organizações regionais, por exemplo, entre o Uzbequistão, o Quirguizistão, os Estados Unidos, a União Europeia, a República do Uzbequistão e a República do Quirguizistão. inclui cooperação. Estas relações incluem os transportes e o trânsito, as zonas económicas e as zonas económicas especiais, a cooperação energética, as organizações permanentes, o investimento e as relações de investimento, as reformas económicas, as relações monetárias e de crédito, a balança de pagamentos e outras questões económicas externas. Estas relações estão a desenvolver-se ainda mais, melhorando os indicadores económicos modernos, a integração económica, trazendo para o sector privado, a inovação, a produção de qualidade, a logística e as organizações de transporte, a abertura de novos mercados, o aumento do potencial de exportação-importação, a diplomacia económica e outros processos. inclui. O Uzbequistão e o Quirguizistão são dois países que apresentam interesses na cooperação económica que irão aumentar as associações existentes nas relações económicas. As relações económicas entre os dois países mudam em função da evolução do ambiente económico, comercial e político. Após a sua independência em 1991, o Uzbequistão e o Quirguizistão mantiveram a sua independência e estão a passar por mudanças no seu ambiente económico e político. As relações económicas externas garantem o crescimento da cooperação entre os dois países nos domínios do comércio, dos transportes, dos investimentos, da banca e das finanças, entre outros. As relações económicas externas entre o Usbequistão e o Quirguizistão têm por objetivo aumentar o volume total das trocas comerciais, desenvolver as vias de transporte, reforçar a cooperação no domínio dos investimentos mútuos e das transacções financeiras.

Aumentarão o âmbito económico e político do mercado único e o desenvolvimento de investimentos estrangeiros, o que aumentará as associações estabelecidas. Ao mesmo tempo, o Usbequistão e o Quirguizistão continuarão a desenvolver o seu âmbito económico, a expandir as relações económicas externas, a atrair investimentos estrangeiros, a criar reservas económicas e trans-coreanas e a aumentar a cooperação noutras áreas. As relações económicas externas entre o Uzbequistão e o Quirguizistão têm um nível geral, sendo necessário adaptar-se às mudanças no ambiente económico e político, seguir as fontes legais e políticas e acompanhar as notícias no acompanhamento das relações mútuas. são campos. Até ao final de 2023, o volume de negócios do comércio externo com o Quirguizistão é de cerca de 953,4 milhões de dólares ou 1,5% das relações económicas externas da república.

Foram estabelecidas relações de estreita vizinhança e amizade entre a República do Usbequistão e o Turquemenistão e o nível de cooperação em todos os aspectos das relações interestatais está a aumentar. As relações entre o Usbequistão e o Turquemenistão caracterizam-se por uma cooperação bilateral de alto nível. Os acordos de alto nível e os documentos relativos à cooperação política, comercial e económica, científica e técnica, cultural e humanitária constituem uma base sólida para a expansão das relações bilaterais mutuamente benéficas em vários domínios. Desde 1991 até à data, foram efectuadas 21 visitas de alto nível dos dirigentes dos dois países. O Presidente do Usbequistão visitou o Turquemenistão 10 vezes e o Presidente do Turquemenistão visitou o Usbequistão 11 vezes. A estreita cooperação entre os dois países no domínio do petróleo e do gás é extremamente importante. A execução do projeto em grande escala de construção do gasoduto transnacional "Turquemenistão-Uzbequistão-Cazaquistão-China", que permitiu diversificar as direcções de exportação de importantes matérias-primas estratégicas, é um exemplo claro da cooperação eficaz entre os dois países neste domínio. As comunicações no sector dos transportes são outro domínio importante da cooperação económica. A aplicação do acordo multilateral assinado sobre a criação de um novo corredor internacional de transportes e comunicações "Usbequistão-Turquemenistão-Irão-Omã" criará condições favoráveis ao reforço das relações comerciais e económicas e aumentará o fluxo de carga em trânsito.

A cooperação cultural e humanitária é um fator importante no desenvolvimento das relações bilaterais. Representantes da cultura e da arte do Uzbequistão e do Turquemenistão participam regularmente em festivais, exposições e fóruns organizados nos dois países. Até ao final de 2023, as relações económicas externas com o país ascendiam a 1,7% ou 1094,4 milhões de dólares americanos.

O diálogo construtivo e aberto entre o Usbequistão e o Tajiquistão é uma das condições importantes para garantir a segurança regional e o desenvolvimento sustentável da região.

O Usbequistão está interessado no desenvolvimento de uma cooperação em larga escala com o Tajiquistão nos domínios comercial, económico e humanitário, na garantia da estabilidade da região e na luta conjunta contra os factores que ameaçam a segurança da região. Em junho de 2000, Islam Karimov, o primeiro Presidente da República do Usbequistão, efectuou uma visita de Estado ao Tajiquistão.

Em janeiro de 1998 e em dezembro de 2001, o Presidente da República do Tajiquistão, Emomali Rahmon, efectuou uma visita oficial à República do Usbequistão.

Foi criada uma comissão mista intergovernamental para a cooperação comercial e económica entre os dois países. Até à data, foram realizadas quatro reuniões da comissão mista. As reuniões tiveram lugar em Dushanbe, em 22 de agosto de 2002 e 18 de fevereiro de 2009, e em Tashkent, em 23 de junho de 2015 e 28 de dezembro de 2016. Até ao final de 2023, o volume do comércio mútuo ascendia a 756,8 milhões de dólares americanos.

A Federação Russa reconheceu a República do Uzbequistão em 20 de março de 1992. No mesmo dia, foram estabelecidas relações diplomáticas oficiais entre os dois países.

A cooperação em larga escala entre os nossos países está a desenvolver-se com base nos acordos de cooperação estratégica assinados em 2004 e nas relações de aliança assinadas em 2005.

A cooperação estratégica multifacetada e as relações de aliança com a Federação Russa estão a desenvolver-se de forma constante. Os acordos "Sobre cooperação estratégica", "Sobre relações de aliança", bem como a declaração "Sobre o aprofundamento da cooperação estratégica entre a Rússia e o Uzbequistão" são novas relações. Está a ser prestada especial atenção ao desenvolvimento da cooperação entre os dois países nos domínios do comércio e da economia, da petroquímica, das comunicações de transporte, da agricultura, da cultura, do turismo, da criação de condições dignas para os trabalhadores migrantes e outros. O Uzbequistão e a Rússia têm-se apoiado mutuamente na cena internacional. As consultas mútuas entre os ministérios da política externa, do comércio externo e da defesa dos dois países estão a ser realizadas de forma consistente. Os dois países cooperam efetivamente no âmbito de estruturas internacionais como a ONU, a SCO e a CEI.

O Uzbequistão está interessado em aumentar o volume das trocas comerciais, desenvolver a cooperação em matéria de investimentos e alargar as relações no domínio dos transportes e do trânsito a um novo nível. É dada prioridade às questões relacionadas com a expansão das relações mútuas com a Rússia nos domínios da medicina, ciência, educação, cultura, desporto e turismo.

O Usbequistão estabelece regularmente relações económicas externas com a Federação Russa. Desde os primeiros anos de independência, têm sido trocados com a Federação Russa produtos alimentares, fibras de algodão, maquinaria e equipamento, vestuário e outros produtos.

Atualmente, a Federação Russa é reconhecida como o país parceiro mais ativo do Uzbequistão. A razão para isso é que o volume de negócios do TSA da Rússia com o país está a aumentar de ano para ano. Em particular, no final de janeiro-dezembro de 2023, o montante total do TSA entre a Federação da Rússia e o Uzbequistão era de 9 883,8 milhões de dólares americanos. Desse valor, o valor das exportações foi de 3.307,6 milhões de dólares americanos e o conteúdo das importações foi de 6.576,2 milhões de dólares americanos.

Exporta e importa principalmente produtos alimentares e bebidas, fibra de algodão, produtos combustíveis, veículos, etc., com a Federação Russa.

A República do Usbequistão presta especial atenção ao reforço da cooperação global com a República da Bielorrússia. As economias dos nossos países complementam-se mutuamente. Nos últimos dois anos, realizaram-se duas reuniões da Comissão Intergovernamental (CIG) em Tashkent e Minsk. A República do Usbequistão e a República da Bielorrússia assinaram o acordo de cooperação económica para 2008-2017 e o programa para a sua execução. Foram assinados documentos sobre a cooperação entre os Governos do Usbequistão e da Bielorrússia na luta contra a criminalidade e sobre a cooperação entre os Ministérios das Situações de Emergência na prevenção e eliminação das consequências de situações de emergência.

Quadro 2

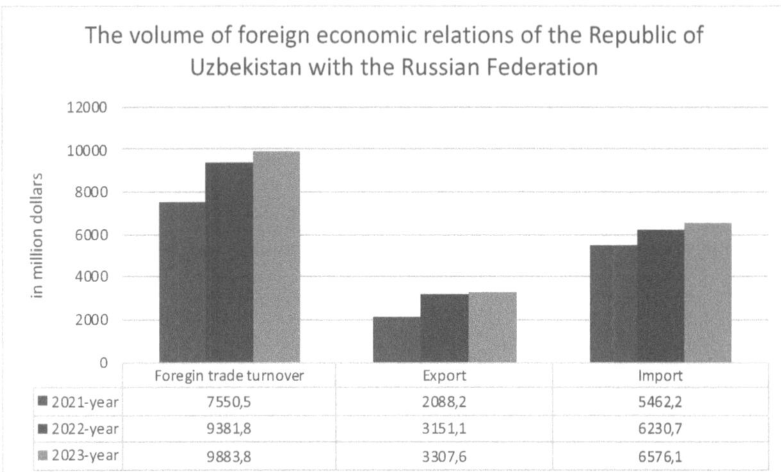

	Foregin trade turnover	Export	Import
2021-year	7550,5	2088,2	5462,2
2022-year	9381,8	3151,1	6230,7
2023-year	9883,8	3307,6	6576,1

Em dezembro de 1994, o Presidente da República da Bielorrússia, A. Lukashenko, efectuou uma visita oficial ao Uzbequistão.

Em 11 e 12 de março de 2015, realizou-se em Tashkent a terceira reunião da Comissão Mista Intergovernamental sobre a cooperação bilateral entre a República do Usbequistão e a República da Bielorrússia. Em outubro de 2014, o Primeiro Presidente da República do Usbequistão I.A. Karimov e o Presidente da República da Bielorrússia A.Lukashenko reuniram-se em Minsk no âmbito da reunião dos chefes dos países da CEI. Durante a reunião foram debatidas as principais questões relativas ao desenvolvimento da cooperação bilateral.

No final de 2023, o volume do comércio mútuo ascendia a 620,1 milhões de dólares americanos.

Foi estabelecida uma cooperação mútua com a Arménia e a Moldávia no âmbito da CEI e de organizações regionais e internacionais.

Em 30-31 de março de 1995, o Primeiro Presidente da República do Usbequistão, I.A. Karimov, efectuou uma visita de Estado à Moldávia e, em 17-18 de dezembro de 1998, o Presidente da Moldávia, P. Luchinsky, efectuou uma visita oficial ao Usbequistão.

3.2 O desenvolvimento das relações económicas externas com os países membros da União Europeia

Atualmente, existem 44 países independentes na Europa. Através da criação de uma união forte de nações, da criação de um espaço sem fronteiras internas, do estabelecimento de uma união económica e monetária e da criação de uma moeda única, da condução de uma política externa e de segurança comum e, no futuro, da condução de uma política de defesa comum. A "UNIÃO EUROPEIA" foi criada ao reunir 28 países europeus num único ponto, a fim de alcançar uma uniformidade única na esfera internacional.

Figura 9. Bandeira da União Europeia

O Usbequistão considera a cooperação com os países da União Europeia como uma das prioridades da sua política externa. Nos últimos anos, em resultado do rápido desenvolvimento das relações do Usbequistão com os países europeus em todas as frentes, iniciou-se uma nova era de cooperação mutuamente benéfica. Com base no acordo de parceria e cooperação entre o Usbequistão e a União Europeia, estão a desenvolver-se rapidamente o diálogo político, as relações comerciais e económicas, o investimento, a proteção da propriedade intelectual, a cooperação em matéria de legislação e de direitos humanos, bem como as relações nos domínios cultural e humanitário. Desde os primeiros anos de independência, o Usbequistão definiu a cooperação com a Europa como uma das prioridades da sua política externa. As relações entre o Usbequistão e os países europeus estão a desenvolver-se a nível bilateral, bem como no âmbito do Acordo de Parceria e Cooperação entre a República do Usbequistão e a União Europeia e os seus Estados-Membros, que entrou em vigor em 1 de julho de 1999. Foram instituídos o Conselho de Cooperação "Usbequistão-UE", o Comité de Cooperação, a Subcomissão da Economia, do Comércio e dos Investimentos, a Comissão Parlamentar de Cooperação e a Subcomissão da Justiça, dos Assuntos Internos e de Outras Questões, bem como 6 órgãos conjuntos de desenvolvimento, tais como uma subcomissão. Todos os anos, a delegação da República do Usbequistão, chefiada pelo Ministro dos Negócios Estrangeiros, participa na reunião do Conselho de Cooperação entre a República do Usbequistão e a União Europeia, em Bruxelas. Em 1996 e 2011, o Primeiro Presidente da República do Usbequistão, I.A. Karimov, visitou Bruxelas. No âmbito dessas visitas, realizaram-se reuniões com os dirigentes da União Europeia. As visitas de alto nível a Bruxelas demonstraram o interesse da União Europeia em alargar a cooperação mutuamente benéfica com a República do Usbequistão em vários domínios, com base na igualdade de direitos e na parceria mútua, tendo sido estabelecido um regime comercial mutuamente benéfico com os países da UE.

A fim de reforçar as relações entre o Usbequistão e a União Europeia, assegurando um diálogo de alto nível entre os círculos políticos e empresariais, bem como entre os representantes das instituições da sociedade civil no Parlamento Europeu, foi criada a Comissão Parlamentar de Cooperação "União Europeia-Usbequistão". As actividades da Comissão Parlamentar de Cooperação incluem o desenvolvimento da cooperação bilateral nos domínios da cultura, da educação, da ciência, bem como as relações entre os cidadãos, a interação entre as instituições do Usbequistão e da União Europeia através de um vasto leque de reuniões construtivas e a diplomacia parlamentar. destinadas a reforçar as relações. O Usbequistão definiu a cooperação com a União Europeia como uma das prioridades da sua política externa, política essa que está a ser implementada. O Usbequistão apoia a expansão da cooperação multifacetada, em primeiro lugar, no domínio do capital humano e das reformas democráticas, da promoção das empresas, do investimento e da inovação, do desenvolvimento ecológico, da ecologia, do intercâmbio cultural e de outros domínios. O Usbequistão tem amplos privilégios entre os países que estão a desenvolver a cooperação económica externa com a UE. Esta cooperação inclui acordos e contratos de cooperação, investimentos, ambiente empresarial e cooperação no domínio dos transportes. O Usbequistão está a trabalhar com a UE para desenvolver um ambiente empresarial prático, aumentar os investimentos e as exportações-importações, expandir as relações económicas externas e reforçar a cooperação no domínio dos transportes e da logística. No âmbito da cooperação com a UE, a cooperação no domínio das infra-estruturas de transporte e da logística está a aumentar, nomeadamente através de incentivos ao investimento, questões jurídicas e alternativas legais. Por sua vez, esta abordagem visa aumentar as exportações e as importações do Usbequistão, alargar o acesso aos mercados internacionais, atrair investimentos e desenvolver a cooperação com as regulamentações económicas estrangeiras. As relações económicas externas entre o Usbequistão e a UE abrem novas oportunidades e aproximam cada vez mais os países que desenvolvem a ponte económica. Esta evolução está a ser reforçada através de uma maior cooperação em matéria de inovações económicas, indústria, sector dos serviços, transportes, turismo e outros domínios. Está a ser conseguida uma participação profunda nas direcções de desenvolvimento da cooperação económica externa do Usbequistão com a UE, investimentos e inovações, alternativas jurídicas, inovações no domínio dos transportes e da logística, aumento do acesso a novos mercados e criação de condições favoráveis com a ajuda de condições contratuais. Estes desenvolvimentos permitem desenvolver o potencial económico do Uzbequistão, introduzir inovações económicas e abrir novas oportunidades.[18]

A base das relações entre o Uzbequistão e a Grã-Bretanha foi criada em novembro de 1993, durante a visita do Primeiro Presidente da República do Uzbequistão, I.A. Karimov, a este país. Atualmente, observa-se uma dinâmica positiva da cooperação bilateral. São regularmente efectuadas visitas de vários níveis entre os dois países.

As visitas da delegação usbeque chefiada pelo Ministro dos Negócios Estrangeiros da República do Usbequistão, A. Kamilov, à Grã-Bretanha foram organizadas em novembro de 2013 e julho de 2019. No domínio da cooperação interparlamentar, existem grupos de cooperação mútua nos parlamentos dos dois países, e o Memorando de Entendimento assinado entre o grupo Oliy Majlis e o Grupo Parlamentar de Todos os Partidos "Grã-Bretanha-Uzbequistão", assinado em 22 de setembro de 2010, prevê as suas actividades. é a base jurídica. Em fevereiro de 2020, foi criado no Parlamento britânico um novo Grupo Parlamentar de Todos os Partidos sobre o Usbequistão, sob a liderança do deputado do Partido Conservador E. Bridgen. Em outubro de 2016 e em janeiro-dezembro de 2017, o Primeiro Vice-Presidente do Senado do Oliy Majlis, S. Safoyev, visitou Londres.

---

[18] Sítio Web oficial da União Europeia: https://europa.eu/

Durante as visitas, foram realizadas sessões de informação sobre o desenvolvimento moderno e as prioridades da república, reuniões com o Ministério dos Negócios Estrangeiros, o Parlamento da Grã-Bretanha e uma série de grandes empresas britânicas e círculos científicos.

O Conselho Uzbeque-Britânico de Comércio e Indústria é um mecanismo eficaz de relações comerciais e económicas, e a sua 23ª reunião realizou-se em Tashkent de 16 a 18 de novembro de 2016. Em 2022, o volume de negócios comercial entre o Usbequistão e a Grã-Bretanha ascendeu a 215,6 milhões de dólares americanos.

As relações uzbeque-francesas baseiam-se nos princípios da amizade e do respeito mútuo. Em 8 e 9 de outubro de 2018, o Presidente da República do Usbequistão, Sh.M. Mirziyoyev, efectuou uma visita oficial a França a convite do Presidente da República Francesa. Em resultado da visita, foram assinados 11 documentos e contratos bilaterais no valor de 3,4 mil milhões de soums. Em 30 de setembro de 2019, o ministro dos Negócios Estrangeiros, A. Kamilov, visitou França para participar nos eventos de luto pela morte do antigo presidente da República de França, J. Chirac. Durante a visita, foram mantidas conversações com Jean-B. Lemoine, Secretário de Estado do Ministério dos Negócios Estrangeiros francês.

Em 4 de novembro de 2019, realizou-se uma reunião dos embaixadores da Ásia Central com o Secretário de Estado do MNE francês Jean-B. Lemoine e debateu as questões relativas à realização da segunda reunião ministerial no formato "França-Ásia Central".

Atualmente, mais de 280.000 alunos estudam francês em 1260 escolas, colégios e liceus, bem como em 8 instituições de ensino familiar da nossa república. Atualmente, mais de 280 000 alunos estudam francês em 1260 escolas, colégios e liceus, bem como em 8 instituições de ensino familiar da nossa república.

Em 2019, foram criadas faculdades/filiais de 3 instituições de ensino francesas no Uzbequistão: Instituto de Têxteis e Indústria Ligeira de Tashkent, Faculdade Conjunta da Academia Internacional de Moda de Paris, ramo da Escola de Negócios Vatel de Turismo e Hotelaria da Universidade Estatal de Bukhara, Escola de Línguas Estrangeiras da Universidade Estatal de Namangan, filial da Aliança Francesa. Foram estabelecidas relações fraternas entre Samarkand e as cidades de Lyon, Bukhara e Ruey-Macmaison. Em abril de 2019, foi inaugurado o "Jardim do Usbequistão" no Parque Central de Ruey-Malmezon e, ao mesmo tempo, foi instalada no seu território uma estátua do grande académico e enciclopedista Abu Ali Ibn Sina. No final de 2023, o volume do comércio mútuo ascendia a 984,7 milhões de dólares americanos, dos quais a exportação era igual a 392,1 milhões de dólares americanos e a importação era igual a 592,6 milhões de dólares americanos.

Pelo decreto do Presidente da República do Usbequistão n.º PF-5551, de 4 de outubro de 2018, foi estabelecido um regime de isenção de visto de 30 dias para os cidadãos franceses entrarem no território do Usbequistão.

3.3 Análise das relações económicas externas com os países asiáticos

A República do Usbequistão mantém relações económicas externas com os países asiáticos, bem como relações com os países da região asiática destinadas a desenvolver a cooperação no domínio do comércio, dos transportes e do trânsito. Estas comunicações incluem:

1. Comércio no domínio da exportação-importação: O Usbequistão inclui a cooperação no desenvolvimento do comércio e da exportação-importação com os países da região asiática. Através destas relações, o aumento da exportação de mercadorias usbeques para os países asiáticos, bem como o aumento da exportação de mercadorias dos países asiáticos para o Usbequistão, contribuirá para estabelecer definições de

importação e exportação e assegurar o desenvolvimento contínuo da cooperação.

2.   Transportes e trânsito: A República do Usbequistão tem uma localização geográfica estratégica na região asiática e possui um grande potencial para o desenvolvimento da cooperação no domínio dos transportes e do trânsito. Através destes contactos, contribui para aumentar o tráfego de passageiros entre o Usbequistão e os países asiáticos, desenvolver as infra-estruturas de transportes, participar na cooperação no domínio das zonas económicas estrangeiras, dos transportes de passageiros ou do trânsito na administração, bem como contribuir para a unificação de projectos.

A República Popular da China reconheceu a independência da República do Uzbequistão em 27 de dezembro de 1991. As relações diplomáticas foram estabelecidas em 2 de janeiro de 1992.

A cooperação bilateral abrange todos os aspectos das relações e tem um carácter estratégico global. As relações de confiança mútua estabelecidas entre os dirigentes dos dois países constituem a base da cooperação. Na realização da cooperação mutuamente benéfica entre o Usbequistão e a China, as opiniões comuns e próximas das partes sobre o terrorismo, o extremismo, o separatismo, o tráfico de droga, o comércio ilegal de armas e outras ameaças à segurança ocupam um lugar importante. As visitas e as reuniões dos dirigentes dos dois países realizam-se regularmente. Durante este período, realizaram-se 20 reuniões entre os dirigentes dos dois países.

Os Presidentes da República Popular da China Jiang Zemin, Hu Jintao e Xi Jinping visitaram o Usbequistão.

Em maio de 2020, o Presidente da República do Usbequistão, Sh.M. Mirziyoyev, e o Presidente da República Popular da China, Xi Jinping, mantiveram uma conversa telefónica, durante a qual os dirigentes dos dois países debateram questões de cooperação bilateral e de importância internacional, incluindo as questões actuais da luta em curso contra a infeção pelo coronavírus.

Entre 2004 e 2018, realizaram-se 16 rondas de consultas políticas entre os Ministérios dos Negócios Estrangeiros e reuniões de cooperação no âmbito da SCO.

Em 18 de junho de 2020, o Ministro dos Negócios Estrangeiros do Usbequistão participou numa videoconferência extraordinária de alto nível organizada no âmbito da iniciativa "Um lugar, uma estrada" com a participação de 26 agências de política externa, da OMS e do Programa das Nações Unidas para o Desenvolvimento.

Em 16 de julho de 2020, sob a presidência da RPC, os chefes das agências dos negócios estrangeiros de 6 países participaram na primeira reunião ministerial "Ásia Central - China". O Usbequistão considera o reforço da cooperação estratégica com a República Popular da China, a expansão de uma ampla cooperação comercial-económica, de investimento e financeira como as direcções prioritárias das relações bilaterais baseadas nos princípios do interesse mútuo e da igualdade de direitos. Em conformidade com o acordo comercial e económico assinado em 1992, foi estabelecido o procedimento para criar a maior conveniência nas relações comerciais e económicas entre os dois países. A China é um dos principais parceiros comerciais do Uzbequistão. As relações de vizinhança próxima, de amizade e de parceria estratégica global entre a República Popular da China e o Usbequistão, que desempenha um dos papéis mais importantes na política e na economia mundiais, estão a reforçar-se de forma constante. A base jurídica da cooperação mutuamente benéfica é o Acordo "Relações de Amizade, Cooperação e Parceria", a Declaração Conjunta sobre o "Estabelecimento da Parceria Estratégica", o "Aprofundamento da Cooperação Estratégica Bilateral" e o "Desenvolvimento", entre outros, estão a organizar uma declaração conjunta. As consultas políticas anuais entre os tribunais de política externa sobre muitas questões de importância bilateral, regional e internacional tornam-se um elo importante de cooperação mútua.

A partir de agora, o Usbequistão continuará a desenvolver ativamente e a reforçar a parceria em todas as direcções promissoras, que estão em conformidade com os interesses a longo prazo, e a prosseguir a cooperação no sentido da estabilidade, da segurança e de um desenvolvimento socioeconómico consistente dos dois países.

O Usbequistão procura alargar a cooperação com a República Popular da China no âmbito da expansão de um diálogo político construtivo e do desenvolvimento de uma cooperação prática multifacetada em todos os domínios.

A aplicação incondicional dos acordos de alto nível e dos acordos assinados, assegurando o rápido crescimento do comércio bilateral, bem como a promoção conjunta de projectos prioritários nos domínios do desenvolvimento de infra-estruturas, da energia, da indústria, da agricultura, dos transportes, das tecnologias da informação e da comunicação e noutros domínios, cria as bases para um maior reforço da cooperação entre os países do Usbequistão e da China.

O Uzbequistão exporta principalmente tecnologias de informação e comunicação, produtos alimentares, bebidas e fertilizantes químicos com a China. O volume de negócios do comércio externo com a República Popular da China em 2023 ascendeu a 13.722,0 milhões de dólares americanos e, de acordo com este indicador, a China assumiu a liderança na TSA do Uzbequistão. 2461,8 milhões de dólares americanos foram a parte das exportações, e os restantes 11260,1 milhões de dólares americanos ($) foram a parte das importações.

Atualmente, o Uzbequistão e a China estão a desenvolver ativamente a cooperação na execução de vários projectos, principalmente projectos no domínio das altas tecnologias. Em particular, o Uzbequistão apoiou a iniciativa dos dirigentes da RPC de criar um parque industrial de alta tecnologia Uzbequistão-China com a participação de empresas chinesas em 2011.

Várias empresas chinesas estão ativamente envolvidas na exploração e extração de depósitos de hidrocarbonetos no território da nossa república.

O Uzbequistão apoia a construção do gasoduto Uzbequistão-China e do caminho de ferro China-Quirguizistão-Uzbequistão.

1702 empresas com capital chinês estão a operar na nossa república. 116 delas foram criadas com base num investimento 100% chinês. Existem escritórios de representação de 73 empresas chinesas no nosso país. A cooperação no domínio da educação está a desenvolver-se rapidamente, o intercâmbio de estudantes e profissionais está amplamente estabelecido no âmbito das relações interdepartamentais.

Desde maio de 2005, o Instituto Confúcio para o estudo da língua e da cultura chinesas está a funcionar em Tashkent e, até à data, 400 estudantes, estudantes, comerciantes e trabalhadores científicos estão a estudar no instituto. Desde a criação do instituto, mais de 3.500 pessoas passaram por cursos de formação. Em setembro de 2013, no âmbito da visita de Estado do Presidente da República Popular da China, Xi Jinping, ao Uzbequistão, foi assinado um acordo de cooperação para a criação de outro Instituto Confúcio na cidade de Samarkand.

Em conformidade com o acordo bilateral e no âmbito da SCO, o Governo da RPC concedeu bolsas a 120 estudantes e estagiários do Usbequistão no ano letivo de 2018-2019. Desde 2012, a língua uzbeque é ensinada na Universidade de Línguas Estrangeiras de Pequim.

Em 15 de maio de 2013, foi inaugurado pela primeira vez na China o "Centro de Estudos e Intercâmbios Educativos do Usbequistão", com base no Instituto de Investigação Científica de Diplomacia Pública da OCS, da Universidade de Xangai.

As sociedades de amizade "Uzbequistão - China", criada em 1998, e "República Popular da China - países da Ásia Central", que iniciaram as suas actividades em 2007, estão a ganhar importância no reforço das relações culturais bilaterais. Em 13 de março de 2017, na véspera do 25.º aniversário do estabelecimento de relações diplomáticas entre a China e o Usbequistão, foi inaugurada uma estátua de Alisher Navoi na Universidade de Xangai.

Tashkent-Xangai, Navoi-Zhuzhou (Província de Hunan), Samarkand-Xian (Província de Shaanxi), Bukhara-Loyan (Província de Henan), Jizzakh e Yangzhou (Província de Jiangsu), Tashkent-Hunan, Samarkand foram estabelecidas relações fraternas entre a província e a província de Shaanxi, a província de Syrdarya e a província de Zhejiang.

O reforço e o desenvolvimento global das relações com a Turquia correspondem plenamente à orientação da política externa do Novo Uzbequistão. O Usbequistão considera a Turquia como um parceiro importante e a longo prazo, apoia o reforço da amizade entre os nossos povos e o desenvolvimento da cooperação com base nos princípios da confiança mútua. É do interesse do Usbequistão aumentar e diversificar continuamente o volume do comércio mútuo através do desenvolvimento da cooperação a longo prazo em matéria de investimentos entre os dois países. O Usbequistão e a Turquia estabelecerão complexos para a produção e a transformação profunda de produtos agrícolas, o armazenamento, a embalagem, a transformação e a exportação de produtos alimentares, empresas comuns modernas na indústria têxtil e de transformação de couro. Ao mesmo tempo, é desejável a cooperação mútua no domínio do turismo, em particular, o desenvolvimento das infra-estruturas de instalações turísticas modernas, a oferta conjunta de produtos turísticos e o desenvolvimento de relações sobre a formação de pessoal qualificado neste domínio. A expansão dos corredores de transporte que ligam os nossos países é um fator importante para o desenvolvimento das relações comerciais e económicas. A fim de aumentar a competitividade e a atratividade dos corredores de transporte internacionais que atravessam o território dos dois países, é necessário cooperar em matéria de otimização das definições de trânsito e de concessão de preferências.

Atualmente, o volume de negócios do comércio externo do Uzbequistão com a República da Turquia em 2023 é de 3099,7 milhões de dólares americanos ($). O volume de exportação é de -1248,5 milhões de dólares americanos e o valor das importações é de -1851,2 milhões de dólares americanos.

A República da Coreia reconheceu a independência do Uzbequistão em 30 de dezembro de 1991 e estabeleceu relações diplomáticas em 29 de janeiro de 1992.

Durante este período, os dirigentes da República realizaram 17 reuniões com os dirigentes da República da Coreia. Em 2006, foi assinada uma declaração conjunta sobre a parceria estratégica.

A declaração conjunta do Presidente da República do Usbequistão Sh. M. Mirziyoyev sobre os resultados da visita de Estado à República da Coreia de 22 a 25 de novembro de 2017 sobre a expansão permanente da cooperação estratégica, cujo valor total é superior a 10 mil milhões de dólares Foram assinados mais de 80 acordos e contratos.

De acordo com os resultados da visita de Estado do Presidente da República da Coreia, Moon Jae-in, à República do Usbequistão (18-21 de abril de 2019), foi assinado um conjunto de documentos no valor de cerca de 12 mil milhões de dólares.

As nossas relações elevaram-se ao nível de uma parceria estratégica especial:

O elevado nível atual de cooperação mútua com a República da Coreia é alcançado de muitas formas graças a diálogos regulares de alto nível. A

República da Coreia é um dos principais parceiros tecnológicos e de investimento na implementação de programas prioritários para a diversificação e modernização da indústria e das infra-estruturas no Usbequistão. As relações mútuas entre os dois países nos domínios científico e técnico, médico e educativo, cultural e humanitário estão a expandir-se. Implementação de projectos de investimento conjuntos no Uzbequistão com a participação de empresas sul-coreanas líderes, em primeiro lugar, apoio à promoção da organização da produção de produtos de elevado valor acrescentado com base na transformação profunda de minerais e matérias-primas em zonas económicas livres e pequenas zonas industriais.

Em 13 de abril de 2020, teve lugar uma conversa telefónica entre o Presidente da República do Usbequistão, Sh.M. Mirziyoyev, e o Presidente da República da Coreia, Moon Jae-in. Durante a conversa, os chefes de Estado discutiram as questões actuais de um maior reforço das relações bilaterais de parceria estratégica especial e da expansão da cooperação multifacetada, principalmente na esfera comercial e económica, e trocaram opiniões sobre algumas questões regionais e internacionais. Foi dada especial atenção à continuação da cooperação e à unificação de esforços na luta contra a propagação da infeção pelo coronavírus.

Os intercâmbios interparlamentares entre os dois países estão a desenvolver-se com êxito. Foram criados grupos de amizade e cooperação nos parlamentos dos dois países.

Em setembro de 2017, o Presidente da Assembleia Nacional da República da Coreia, Chon Se-kyun, visitou o Usbequistão, em fevereiro de 2018 o Presidente da Câmara Legislativa do Oliy Majlis da República do Usbequistão, N. Ismailov, e em agosto de 2019 a delegação parlamentar chefiada pelo Presidente do Senado do Oliy Majlis da República do Usbequistão, T.K. Narbaeva. Foram efectuadas visitas à República.

Realizaram-se 13 rondas de consultas políticas no âmbito da cooperação mútua entre o Ministério dos Negócios Estrangeiros.

Em 17 e 18 de abril de 2018, o Ministro dos Negócios Estrangeiros da República da Coreia, Kang Kyung Hwa, deslocou-se ao Uzbequistão em visita oficial.

No âmbito do acordo comercial de 1992, foi introduzido o regime comercial mais facilitado. A República da Coreia ocupa o primeiro lugar entre os parceiros comerciais do Usbequistão na região da Ásia e do Pacífico.

Em 2023, o volume de negócios do comércio mútuo ascendeu a 2343,2 milhões de dólares americanos, incluindo exportações - 40,4 milhões de dólares, importações - 2302,9 milhões de dólares.

O volume de investimentos efectuados pela Coreia do Sul na economia do Uzbequistão é de 7 mil milhões de dólares americanos. Desde 1994, o Comité Intergovernamental Misto para o Comércio e a Cooperação Económica tem vindo a funcionar. A nona reunião do comité intergovernamental realizou-se em Tashkent em 2019.

Em 2018, foi inaugurada em Inchon, na Coreia do Sul, uma casa comercial uzbeque-coreana com uma sala de exposições permanente de produtos de exportação uzbeques.

Além disso, foram criados no nosso país o parque tecnológico têxtil prático e educativo uzbeque-coreano, o centro científico e tecnológico de metais e ligas raras, o centro de conceção e tecnologia de engenharia agrícola e o centro uzbeque-coreano de cooperação no domínio do "governo eletrónico". O Centro de Educação Coreano está a funcionar em Tashkent desde 1992.

Existem centros de língua e cultura coreanas na Universidade Estatal de Línguas Mundiais do Usbequistão e no Instituto Estatal de Línguas Mundiais de Samarkand.

A língua coreana é ensinada num total de 13 instituições de ensino superior, 48 escolas, liceus e colégios em todo o país. A sociedade de amizade "Uzbequistão-Coreia" está a funcionar desde 1999.

Estão a funcionar no Uzbequistão sucursais das universidades coreanas de Inha, Puchon e Yoju e da Universidade Internacional Uzbeque-Coreana de Fergana.

Em abril de 2019, foi criado o Centro de Cooperação Uzbequistão-Coreia no sector da saúde. Em maio de 2020, foi concluída a construção de um centro multidisciplinar para crianças em Tashkent, com a ajuda de fundos do EDCF.

Foram estabelecidas relações estreitas a nível municipal e, neste contexto, existem acordos de cooperação entre Tashkent e Seul, Fergana e Yongin, Namangan e Songnam, Samarkand e Gyeongju, a região de Tashkent e Gyeongsang-Pukto. Deverá ser prestada especial atenção à utilização da experiência avançada da Coreia do Sul na criação de um sistema eficaz para o desenvolvimento da gestão urbana, do sistema de transportes, da habitação e da economia comunal, com base na utilização generalizada de tecnologias modernas. É importante cooperar ativamente nos domínios do planeamento urbano, da arquitetura e do design paisagístico. A atração ativa de investimentos diretos sul-coreanos e de tecnologias avançadas, a concessão de empréstimos preferenciais e a prestação de apoio financeiro e técnico para a execução de projectos de alta tecnologia nos domínios da indústria, da energia, das infra-estruturas, da indústria automóvel, da ciência e da inovação, dos cuidados de saúde e do desenvolvimento do turismo vão ao encontro dos interesses do Usbequistão. O montante do TSA com a República da Coreia é de 2343,2 milhões de USD ($) em 2023. Assim, em particular, 40,4 milhões de dólares americanos correspondem à parte das exportações e os restantes 2302,9 milhões de dólares americanos correspondem ao volume das importações.

O Japão é um dos parceiros estratégicos mais importantes do país. A cooperação no domínio da modernização dos sectores económicos e das infra-estruturas no Usbequistão tem sido muito intensa. O Governo japonês tem vindo a apoiar as reformas e a modernização económica no Usbequistão, contribuindo igualmente para a formação de pessoal altamente qualificado. O Uzbequistão deseja firmemente elevar qualitativamente a parceria bilateral multifacetada com o Japão a um novo nível.

As questões do aumento do volume do comércio mútuo, da expansão do investimento, da cooperação tecnológica, financeira e técnico-financeira são prioritárias para o país. Em primeiro lugar, os investimentos diretos e o desenvolvimento das principais empresas e bancos japoneses nos sectores da energia, engenharia, minas, indústria química, agricultura, têxteis, turismo e outras áreas prioritárias. É importante implementar projectos promissores que envolvam tecnologias.

Além disso, a expansão das relações inter-regionais, a migração ordenada da mão de obra, a cooperação nos domínios da educação, dos cuidados de saúde e do intercâmbio cultural é uma das questões urgentes. O Usbequistão tem mantido relações económicas externas activas com o Japão desde os anos da independência.

3.4 Descrição das relações económicas externas com os países africanos

A República do Usbequistão não está ativa no estabelecimento de relações económicas externas com os países africanos. As relações económicas entre o Uzbequistão e África são controversas. Além disso, as distâncias geográficas, as diferenças nos sistemas económicos e outros instrumentos práticos também limitam o estabelecimento de contactos. Além disso, existem medidas destinadas a aumentar o potencial de cooperação económica entre o Uzbequistão e os países africanos. Em alguns domínios económicos, as relações externas entre o Uzbequistão e os países africanos podem ser desenvolvidas nas seguintes direcções

Energia: O Uzbequistão tem potencialidades para desenvolver a cooperação com os países africanos no domínio da energia. O Uzbequistão desenvolveu experiência no domínio da economia da energia e existem oportunidades para desenvolver a cooperação com os países africanos no intercâmbio de fontes de energia através de trocas mútuas, bem como da aquisição privada, comercial e comercial. As relações económicas externas entre o Uzbequistão e os países africanos visam desenvolver a cooperação no domínio da energia e da produção de eletricidade. Através destes contactos, contribui-se para o intercâmbio de conhecimentos e técnicas no domínio da energia, o fornecimento mútuo de fontes de energia, o desenvolvimento de fontes de energia alternativas, o intercâmbio mútuo de consumo de energia e de sistemas de produção de energia.

Agricultura e recursos hídricos: Existe um potencial de cooperação entre o Usbequistão e os países africanos no domínio da agricultura e dos recursos hídricos. O Usbequistão tem uma vasta experiência no domínio da agricultura e África tem oportunidades de desenvolver a cooperação na utilização de tecnologias agrícolas modernas. Simultaneamente, existem oportunidades para desenvolver a cooperação no fornecimento de tecnologias hídricas aos países africanos através do intercâmbio mútuo dos recursos hídricos do Usbequistão.

Troca de bens: O intercâmbio de mercadorias entre o Uzbequistão e os países africanos tem potencial para desenvolver a cooperação. O Usbequistão está a exportar os seus produtos para os mercados da Ásia e da Ásia Central, e os países africanos estão a desenvolver uma produção conjunta, havendo oportunidades de intercâmbio mútuo. Deste modo, existem oportunidades para desenvolver a cooperação através do aumento do intercâmbio económico e do fornecimento mútuo de bens.

As relações comerciais e de exportação entre o Usbequistão e os países africanos estão a desenvolver-se. Muitas mercadorias, tais como produtos agrícolas, produtos químicos e químicos, produtos têxteis, maquinaria e equipamento, serviços de hotelaria e turismo do Uzbequistão são exportados para países africanos através destas relações. Ao mesmo tempo, os produtos agrícolas, os recursos minerais e outros produtos de África visitam o Uzbequistão e beneficiam de vantagens duplas. O Uzbequistão está interessado em estabelecer relações económicas externas com os países africanos. Estas relações têm por objetivo desenvolver a cooperação económica entre o Usbequistão e os países africanos, aumentar o comércio mútuo e reforçar outras oportunidades económicas.

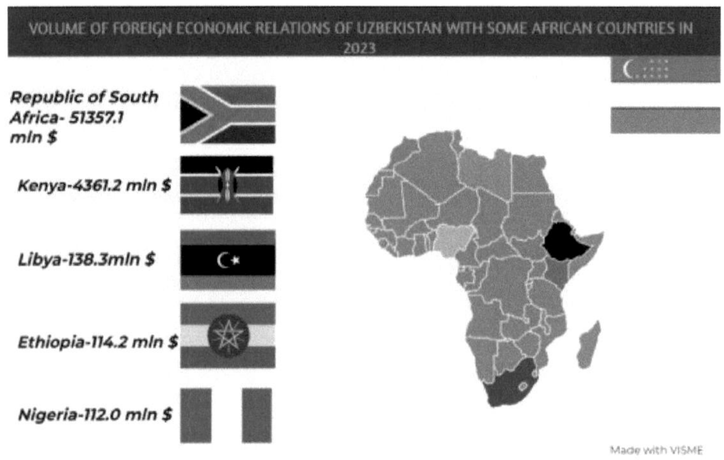

Imagem 10: Relações económicas externas do Uzbequistão com os países africanos. Esta infografia foi compilada pelo autor com base em dados estatísticos.

Comércio e exportação-importação: as relações económicas externas entre o Usbequistão e os países africanos têm por objetivo desenvolver a cooperação no domínio do comércio e da exportação-importação. Consistem no desenvolvimento do comércio e das vendas, no desenvolvimento de relações mútuas de exportação-importação e no intercâmbio de produtos.

A República Árabe do Egito reconheceu a independência da República do Uzbequistão em 26 de dezembro de 1991. Em 2017, passaram 25 anos desde o estabelecimento de relações diplomáticas entre o Uzbequistão e o Egito (23 de janeiro de 1992). A embaixada do Egito em Tashkent iniciou as suas actividades em maio de 1993 e a missão diplomática do Uzbequistão no Cairo em dezembro de 1994.

O desenvolvimento das relações bilaterais foi significativamente estimulado pelas visitas oficiais do Primeiro Presidente da República do Uzbequistão I.A. Karimov ao Egito em dezembro de 1992 e abril de 2007. Em 4 e 5 de setembro de 2018, o Presidente do Egito, Al-Sisi, visitou o Usbequistão. Durante a visita, foram discutidas orientações promissoras para o desenvolvimento da cooperação Uzbequistão-Egito e foram assinados 12 documentos bilaterais. Em 20 e 21 de fevereiro de 2023, o Presidente da República do Usbequistão, Sh.M. Mirziyoyev, efectuou uma visita oficial à República Árabe do Egito. No final da visita, os chefes de Estado adoptaram uma declaração conjunta e foram assinados vários documentos entre os ministérios e as agências dos dois países.

As relações entre o Usbequistão e o Egito são conduzidas no âmbito de organizações internacionais e regionais, nomeadamente as Nações Unidas e a Organização de Cooperação Islâmica.

66 documentos interestatais, governamentais e interdepartamentais constituem a base jurídica dos dois países.

Até à data, foram realizadas 10 rondas de consultas políticas entre os Ministérios dos Negócios Estrangeiros do Usbequistão e do Egito.

Realizaram-se seis reuniões da comissão mista intergovernamental para a cooperação comercial e económica dos dois países.

No final de 2022, o volume do comércio mútuo era de 37,3 milhões de dólares (exportação - 34,5 milhões de dólares, importação - 2,6 milhões de dólares).

A República do Usbequistão trabalha em estreita colaboração com a Agência de Desenvolvimento da Cooperação do Ministério dos Negócios Estrangeiros da República Árabe do Egito. De 1993 até hoje, mais de mil representantes do nosso país participaram em cursos diplomáticos, turísticos, de língua árabe e outros cursos educativos organizados por esta instituição. Foram também realizadas algumas actividades no domínio sociocultural. Por exemplo, em 1997 foram fundadas as sociedades de amizade "Uzbequistão-Egito" e em 2000 "Egito-Uzbequistão", que funcionam atualmente com êxito.

De 10 a 13 de outubro de 2018, o Imã-Chefe do Egito, Sheikh Ahmed al-Tayyib, do complexo de Al-Azhar, visitou o Usbequistão.

De 7 a 9 de junho de 2022, a delegação do Usbequistão, chefiada pelo Mufti N. Khaliqnazarov, presidente do Gabinete dos Muçulmanos do Usbequistão, participou na conferência internacional sobre "Extremismo religioso: base intelectual e estratégias para o superar".

Em 17 e 18 de outubro de 2022, a delegação do Usbequistão liderada pelo Mufti N. Khaliqnazarov, presidente do Gabinete dos Muçulmanos do Usbequistão, participou na conferência internacional sob a liderança do Presidente egípcio A. al-Sisi sobre o tema "Fatwa e Objectivos de Desenvolvimento Sustentável".

3.5 Relações económicas externas com os países americanos

Atualmente, a República do Uzbequistão faz parte de 28 países da América do Norte e do Sul, incluindo os Estados Unidos da América, os Estados Unidos do México, o Canadá, a República Federativa do Brasil, a República da Argentina, a República do Chile, a República Bolivariana da

Venezuela, a Jamaica, a República Oriental do Uruguai, a República do Peru, a República da Costa Rica, a República do Paraguai, a República de Cuba, a República da Guatemala, República da Nicarágua, República das Honduras, República Dominicana, República do Equador, República da Colômbia, Estado Plurinacional da Bolívia, República de El Salvador, Granada, Comunidade da Domínica, Estabeleceu relações diplomáticas com a República do Panamá, a Federação de São Cristóvão (São Cristóvão e Neves), São Vicente e Granadinas, Antígua e Barbuda, bem como com a República Cooperativa da Guiana. A cooperação com os Estados Unidos da América é uma das direcções prioritárias da política externa da República do Usbequistão.

As actuais relações entre o Usbequistão e os EUA caracterizam-se pela sua complexidade, pela sua longa duração e pelos seus aspectos multifacetados, e baseiam-se nos princípios e normas geralmente reconhecidos do direito internacional, no respeito mútuo e na consideração dos interesses de cada um. As partes partilham uma posição comum sobre uma série de questões internacionais e regionais, nas áreas das ameaças à segurança, nomeadamente a luta contra a circulação ilegal de drogas, a proliferação de armas de destruição maciça, bem como o reforço da paz e da estabilidade na Ásia Central e no Afeganistão. As relações económicas externas entre os EUA e o Uzbequistão incluem relações económicas, políticas e diplomáticas importantes. As informações que se seguem dizem respeito às relações económicas externas entre o Usbequistão e os Estados Unidos: Comércio e investimentos: As relações económicas externas entre o Usbequistão e os Estados Unidos incluem a cooperação no domínio do comércio e dos investimentos. Os Estados Unidos mostraram ao Uzbequistão a possibilidade de expandir o comércio e os investimentos, entrar em novos mercados e investir na indústria, no petróleo e no gás, nos transportes e noutros sectores do Uzbequistão. Por exemplo, as empresas americanas estão a investir no Uzbequistão em serviços financeiros, energia, equipamento técnico e outros sectores.

Cooperação nos sectores privados: as relações económicas externas entre o Usbequistão e os Estados Unidos revelaram igualmente o desenvolvimento da cooperação nos sectores privados. A cooperação é desenvolvida nos sectores da agricultura, da indústria alimentar, das profissões técnicas, da medicina e noutros domínios. Por exemplo, as empresas privadas americanas cooperam com entidades jurídicas, empresas privadas, etc., no Usbequistão.

Desenvolvimento do espírito empresarial e das oportunidades de negócio: As relações económicas externas entre o Uzbequistão e a América prevêem o desenvolvimento da cooperação no sentido do desenvolvimento de oportunidades de negócio, elevando o espírito empresarial a um nível superior e ensinando aos empresários uzbeques a experiência na América. Por exemplo, são realizados fóruns empresariais, apoio ao espírito empresarial e às empresas em fase de arranque, cooperação em matéria de projectos e desenvolvimento de outras oportunidades comerciais. Os Estados Unidos exportam vários tipos de mercadorias para o Uzbequistão, tais como automóveis, produtos alimentares, produtos químicos, dispositivos médicos e outros. O Uzbequistão importa da América bens como dispositivos electrónicos, equipamento técnico, serviços de gestão e de consultoria, etc.

O diálogo político regular, incluindo reuniões de alto nível, contribui para o desenvolvimento consistente da cooperação bilateral. Durante a visita oficial do Presidente da República do Uzbequistão, Sh. Mirziyoyev, aos EUA, em maio de 2018, foi adoptada uma declaração conjunta sobre a nova era da parceria estratégica.

As partes confirmaram o seu empenhamento em continuar a reforçar a parceria estratégica entre os dois países com base nos princípios do respeito mútuo, da confiança e da consideração dos interesses de cada um.

O diálogo político caracteriza-se igualmente por uma elevada regularidade de visitas mútuas. Representantes dos principais escritórios da administração dos EUA e delegações de vários níveis visitam regularmente o Uzbequistão, e consultas políticas anuais são organizadas como um mecanismo de troca de pontos de vista sobre questões atuais das relações Uzbequistão-EUA. Desde 2021, as relações bilaterais atingiram o nível de diálogo de parceria estratégica. As relações interparlamentares entre os dois países estão a desenvolver-se rapidamente. Todos os anos são organizadas visitas mútuas de delegações do Oliy Majlis do Uzbequistão e de congressistas norte-americanos. Em agosto de 2018, foi criado o "Uzbekistan Caucus" (um grupo informal de congressistas que apoiam a ativação das relações entre os EUA e o Uzbequistão) na Câmara dos Representantes do Congresso dos EUA. Os co-presidentes da organização são os congressistas T. Kelly (Mississippi) e W. Gonzalez (Texas).

O diálogo regular está a ser apoiado no âmbito do formato "Ásia Central - EUA" ("C5+1"), lançado em Samarcanda em novembro de 2015.

A cooperação comercial, económica e de investimento entre o Usbequistão e os EUA está a desenvolver-se ativamente.

Existem 354 empresas com capital americano no Uzbequistão, incluindo 165 empresas com capital 100% americano.

A Câmara de Comércio EUA-Usbequistão desempenha um papel importante no apoio e desenvolvimento das relações comerciais entre os dois países. A aplicação do acordo de comércio e investimento TIFA assinado entre os EUA e os países da Ásia Central contribui para o desenvolvimento das relações comerciais com a América. Várias grandes empresas americanas de renome mundial operam no Usbequistão. Em particular, a fábrica "General Motors Powertrain Uzbekistan", concebida para a produção de motores para automóveis de passageiros, funciona com a participação da empresa "General Motors".

A empresa "Boeing" é considerada o parceiro principal e permanente que fornece à companhia aérea nacional "Uzbekiston Havo Yollari" aviões modernos, nomeadamente aviões da nova geração do modelo "Boeing-787-8 Dreamliner".

Outras empresas americanas que operam no Uzbequistão incluem a Exxon Mobil, a CNH Industrial, a Coca-Cola, a Hyatt, a Hilton, a John Deere, a Honeywell, a Caterpillar e outras.

As relações no domínio cultural e humanitário estão a desenvolver-se regularmente. Nos últimos anos, foram realizados trabalhos concretos nos domínios da ciência e da educação, bem como o estabelecimento de novos contactos e a aplicação de acordos e, em primeiro lugar, o reforço da cooperação cultural-humanitária e científico-educativa.

Foram estabelecidas relações fraternas entre Tashkent e Seattle (1978), Bukhara e Santa Fé (1988), Zarafshan e Clinton (2019).

Peritos de instituições e organizações especializadas dos EUA visitam regularmente a república com o objetivo de realizar negociações e eventos práticos, e os especialistas usbeques participam em vários programas científicos e educativos dos EUA. Estão em curso projectos conjuntos com várias universidades americanas, incluindo a do Texas, a A&M e a do Mississipi.

No âmbito de um maior desenvolvimento da cooperação interuniversitária, estão a ser desenvolvidos trabalhos para expandir as relações com uma série de instituições de ensino superior do Usbequistão e instituições de ensino superior como as universidades de Ohio e Michigan nos EUA, o Boston Law College, as universidades americanas e de Georgetown. Em particular, foi aberta uma sucursal da Universidade Webster em Tashkent em 2019. Foram estabelecidos contactos diretos entre instituições médicas dos EUA e clínicas e hospitais especializados do Usbequistão, incluindo cirurgia, cardiocirurgia, urologia, obstetrícia e ginecologia e microcirurgia ocular. O Usbequistão presta grande atenção ao desenvolvimento de relações de cooperação globais com o Canadá e esforça-se por desenvolver uma cooperação mutuamente benéfica nos domínios político, comercial, económico, de investimento e humanitário. As relações diplomáticas entre os dois países foram estabelecidas em 7 de abril de 1992. As relações bilaterais são conduzidas a nível da Embaixada da República do Usbequistão no Canadá, em Washington, e da Embaixada do Canadá no Usbequistão, em Moscovo. O Consulado Honorário do Canadá está a funcionar em Tashkent desde 1997.

Nas relações bilaterais, são importantes as consultas políticas regulares entre os órgãos de política externa. As visitas mútuas entre os Estados são organizadas regularmente.

A fim de alargar ainda mais a cooperação interparlamentar entre o Usbequistão e o Canadá, bem como de reforçar a cooperação com o parlamento canadiano, o presidente do grupo de amizade "Canadá-Usbequistão", Z. Abuoltaif, juntamente com o gabinete da reunião anual do grupo de amizade interparlamentar "Usbequistão-Canadá", foi criada uma prática de transferência.

As relações comerciais e económicas entre as partes continuam a desenvolver-se de forma constante, incluindo a cooperação com a Câmara de Comércio Canadá-Eurásia (CECC).

40 empresas com investimentos canadianos estão a operar no Uzbequistão, incluindo 10 empresas com capital 100% canadiano.

O Usbequistão procura manter relações activas com os países da América Latina. As relações com o Brasil, Cuba, Chile e Argentina são regulares.

A comunicação de trabalho é efectuada regularmente sob a forma de troca de mensagens e de visitas mútuas das delegações.

O Ministério dos Negócios Estrangeiros do Usbequistão realiza regularmente reuniões bilaterais com representantes das delegações dos países latino-americanos que visitam o Usbequistão, no âmbito de debates sobre o desenvolvimento da cooperação nos domínios político, comercial-económico, cultural-humanitário e científico, bem como sobre a cooperação com o turismo e as organizações internacionais em curso.

CONCLUSÃO

O Uzbequistão presta grande atenção aos países estrangeiros distantes no desenvolvimento da cooperação mútua e das relações diplomáticas. O Usbequistão atrai a atenção dos países estrangeiros no que se refere às relações económicas externas do país, aos investimentos, ao comércio, aos transportes, às exportações, ao turismo e a outros domínios, bem como às medidas e contratos que estão a ser executados no sentido do desenvolvimento futuro.

Utilizámos a análise SWOT para chegar a esta conclusão, depois de estudarmos as relações económicas externas do Uzbequistão.

Explicação adicional: A análise SWOT é abreviada como SWOT e é representada pelas quatro palavras "Pontos fortes", "Pontos fracos", "Oportunidades" e "Ameaças". lib é utilizada para analisar a situação económica de um país, organização ou outro objeto. A seguinte análise SWOT é preparada com base nos exemplos incluídos para uma análise mais detalhada das relações económicas externas do Uzbequistão com países estrangeiros distantes:

Pontos fortes:

Amplitude das relações: As ligações do Uzbequistão com países estrangeiros distantes, ou seja, a amplitude das suas relações diplomáticas, aumenta o crescimento da cooperação económica mútua. Isto permite entrar em novos mercados, aumentar as exportações-importações, receber investimentos estrangeiros e desenvolver a diversificação económica do país.

Diversificação das relações: a diversificação das relações económicas externas do Usbequistão com países estrangeiros distantes, ou seja, a amplitude das relações com vários países, aumenta a possibilidade de entrar em novos mercados.

Recursos e potencialidades: A falta de conetividade do Uzbequistão, e no processo de conetividade rica, a falta de conetividade conveniente do país, recursos e potencial, tais como terra, água, energia, infraestrutura de transportes e outras áreas, o Uzbequistão é um dos pontos fortes no desenvolvimento das relações económicas externas.

□ Pontos fracos:

Centralidade: A centralidade da localização geográfica do Usbequistão, ou seja, a sua longa distância de países estrangeiros distantes, pode criar problemas no domínio dos transportes e da logística e complicar os processos de importação/exportação.

Uniões monetárias e de divisas: O Usbequistão não está plenamente integrado no domínio das uniões monetárias e cambiais na ordem internacional. Este problema pode ser eficaz na criação de condições que exijam operações de exportação-importação, implementação de serviços financeiros, relatórios sobre a moeda e outras operações.

Acesso aos mercados internacionais: O Uzbequistão tem problemas de acesso aos mercados internacionais. Os direitos aduaneiros, as importações, os requisitos em matéria de autorizações, a obtenção de certificados, os regulamentos e outros procedimentos burocráticos podem complicar as operações de exportação e de importação.

Orçamento e contratos de crédito: Os acordos de crédito no Usbequistão constituem um fator que limita o acesso aos recursos financeiros para as operações nos mercados internacionais. No Usbequistão, a dificuldade de acesso a manuais financeiros para operar nos mercados internacionais pode criar problemas.

□ Oportunidades

Sugestões geográficas: A proximidade do Usbequistão de países estrategicamente localizados oferece boas oportunidades de crescimento para o investimento estrangeiro. Por exemplo, devido à sua localização geográfica estratégica entre o Usbequistão, a Rússia, a China, a Índia, o Cazaquistão e outros países asiáticos, existem mercados favoráveis para a exportação de produtos e serviços para estes países.

Investimentos numa vasta gama de sectores: O Usbequistão possui uma série de indústrias de grande dimensão, tais como os têxteis, os produtos químicos, a metalurgia, a petroquímica, o fabrico de automóveis, etc. Existem oportunidades para atrair investimentos de investidores estrangeiros nestes domínios, ou seja, para abrir novas fábricas e empresas em zonas industriais.

Alfândega dos recursos energéticos: Uma vez que o Usbequistão é um país com grandes reservas de petróleo e de gás, reservas de urânio e de vermelho não pavimentado, recursos hídricos e outros recursos energéticos, as oportunidades de investimento estrangeiro nestes domínios são elevadas. Por exemplo, podem ser feitos investimentos em áreas como a extração de petróleo, gás e reservas minerais, projectos e infra-estruturas no domínio da energia, exportação de energia, etc.

Ameaças

Problemas de infra-estruturas: As infra-estruturas, ou seja, os transportes, as comunicações, a energia, o abastecimento de água e outros instrumentos económicos estrangeiros importantes, são um dos sectores do Usbequistão necessários para os investimentos. Além disso, alguns problemas, tais como outras propostas no domínio dos transportes e da gestão de projectos, podem resultar de pontos fortes da correção, pelo que é necessário continuar a desenvolver a prática neste domínio e melhorar o sistema de infra-estruturas.

Problemas no domínio do crédito e das finanças: Existem problemas no domínio do crédito e das finanças no desenvolvimento das relações económicas externas do Uzbequistão. Para alguns investidores estrangeiros, surgem dificuldades no processo de acesso aos recursos financeiros, na obtenção de empréstimos, na conversão de divisas e nas transacções financeiras. É igualmente necessário continuar a melhorar a qualidade dos serviços prestados pelos bancos e instituições financeiras locais aos investidores estrangeiros.

Recursos humanos e competências de qualidade: A disponibilidade de recursos humanos e de competências de qualidade é muito importante para os investidores estrangeiros. Para que o Usbequistão disponha de profissões e de especialistas de qualidade nos sectores em desenvolvimento, é necessário que o faça mais cedo. Além disso, é necessário continuar a desenvolver as profissões e os especialistas nos domínios da investigação científica.

Correção e processos de correção: As relações económicas externas exigem processos complexos, como correcções, consultas, projectos, etc. No entanto, a transferência destes processos para o lado forte na correção e na correção, os problemas jurídicos, as condições contratuais, os problemas estruturais entre a empresa e os investidores estrangeiros, as dificuldades de financiamento e outros processos constituem ameaças aos investimentos estrangeiros a longo prazo.

REFERÊNCIAS

1. Sh.M.Mirziyoyev "Yangi O'zbekiston Taraqqiyot stategiyasi"; "O'zbekiston" nashriyoti; Toshkent-2022

2. Sh.M.Mirziyoyev.Tanqidiy tahlil, qat'iy tartib-intizom va shaxsiy javobgarlik-har bir rahbar faoliyatining kundalik qoidasi bo'lishi kerak. T.:O'zbekiston , 2017

3. А.СОЛИЕВ Ўзбекистон иқтисодий ва ижтимоий географияси ТОШКЕНТ - 2014

4. Asanov G.R., Nabixonov M., Safarov I. O'zbekistonning iqtisodiy va ijtimoiy jo'g`rofiyasi. -T.: O'qituvchi, 1994.

5. Axmedov E.A., Boltayev M.J. O'zbekiston Respublikasi iqtisodiy va ijtimoiyy geografiyasi. Ma`ruzalar matni. Toshkent, 2000.

6. A.A.Aliyev "Tashqi iqtisodiy faoliyatni davlat tomonidan tartibga solish"; "O'zbekiston faylasuflari milliy jamiyati "nashriyoti; Toshkent-2007;10-18 betlar

7. Rahmatullayeva F.M, Abdulloyev A.J, Giyazova N.B, Narzullayeva G.S "Tashqi iqtisodiy faoliyat va raqobat menejmenti" o'quv qo'llanma. "Durdona" nashriyoti. Buxoro-2021

Fontes na Internet:

1. https://uz.wikipedia.org/wiki/Tashqi_savdo

2. https://fayllar.org/1-xeksher-olin-nazariyasi.html

3. https://ru.wikipedia.org/wiki/%D0%9B%D0%B5%D0%BE%D0%BD%D1%82%D1%8C%D0%B5%D0%B2,_%D0%92%D0%B0%D1%81%D0%B8%D0%BB%D0%B8%D0%B9_%D0%92%D0%B0%D1%81%D0%B8%D0%BB%D1%8C%D0%B5%D0%B2%D0%B8%D1%87

4. https://lex.uz/docs/-67345

5. https://lex.uz/docs/-659627

6. https://lex.uz/docs/-3307879

7. https://yuz.uz/uz/news/yangi-ozbekiston-tashqi-siyosatining-ustuvor-yonalishlari

8. https://stat.uz/uz/

9. https://mfa.uz/uz

10. https://uz.kursiv.media/uz/2023-11-07/tanadagi-bugdoy-qozogiston-va-ozbekiston-asosan-nima-savdo-qiladi/

11. https://www.gazeta.uz/oz/2024/04/18/agreements/

12. https://review.uz/uz/post/ozbekiston-afgoniston-iqtisodiyotini-tiklash-va-rivojlantirishga-afgon-xalqining-turmushini-yaxshilashga-katta-hissa-qoshmoqda

ADENDOS

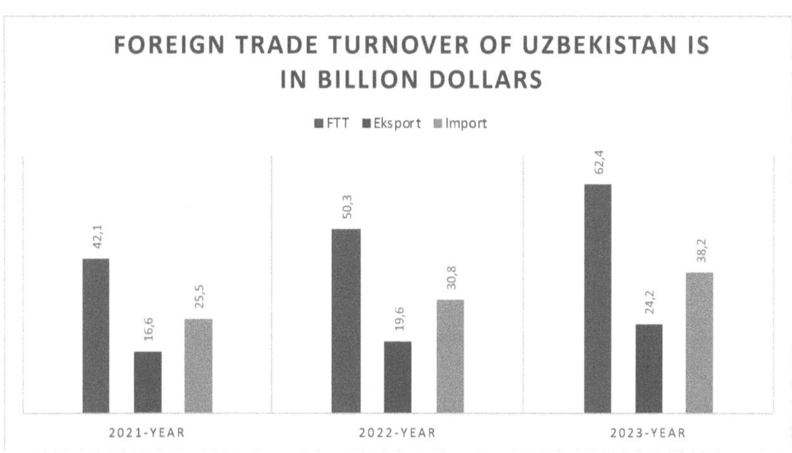

	2021	2022	2023
Comércio exterior	673,7	765,6	867,0
Eksport	667,5	756,3	856,7
Importação	6,2	9,3	10,3
Equilíbrio	661,5	747,0	846,4

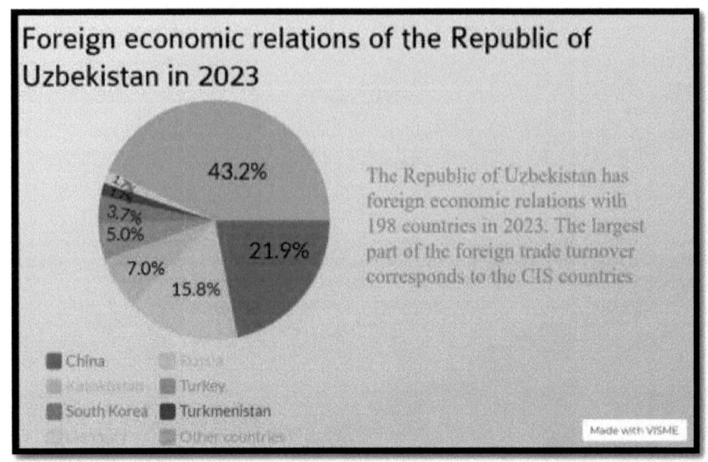

Foreign economic relations of the Republic of Uzbekistan in 2023
43.2%
21.9%
15.8%
7.0%
5.0%
3.7%
The Republic of Uzbekistan has foreign economic relations with 198 countries in 2023. The largest part of the foreign trade turnover corresponds to the CIS countries
China
Kazakhstan
South Korea
Russia
Turkey
Turkmenistan
Other countries
Made with VISME

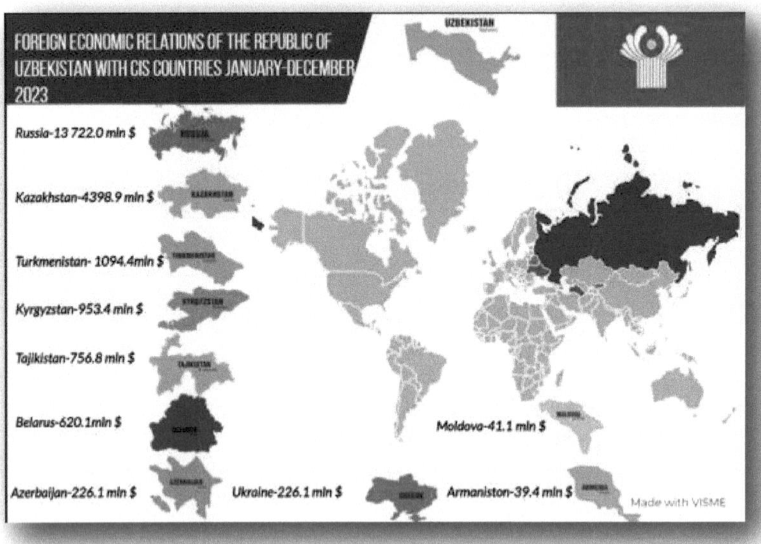

FOREIGN ECONOMIC RELATIONS OF THE REPUBLIC OF UZBEKISTAN WITH CIS COUNTRIES JANUARY-DECEMBER 2023
UZBEKISTAN
Russia-13 722.0 mln $
Kazakhstan-4398.9 mln $
Turkmenistan- 1094.4mln $
Kyrgyzstan-953.4 mln $
Tajikistan-756.8 mln $
Belarus-620.1mln $
Moldova-41.1 mln $
Azerbaijan-226.1 mln $
Ukraine-226.1 mln $
Armaniston-39.4 mln $
Made with VISME

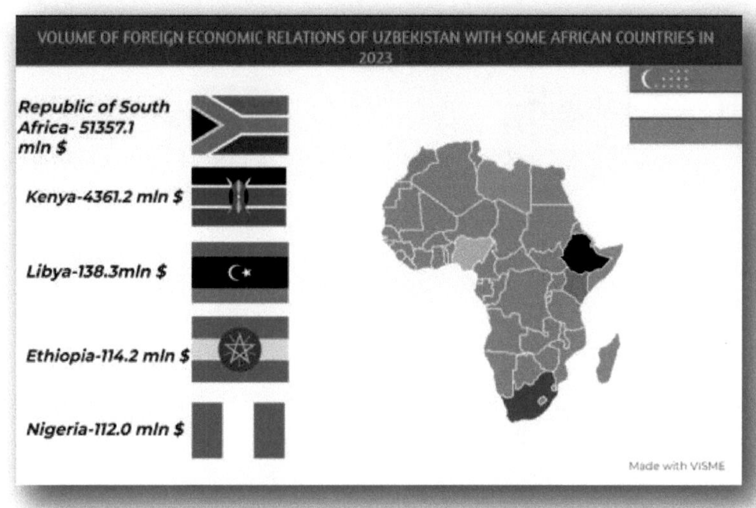

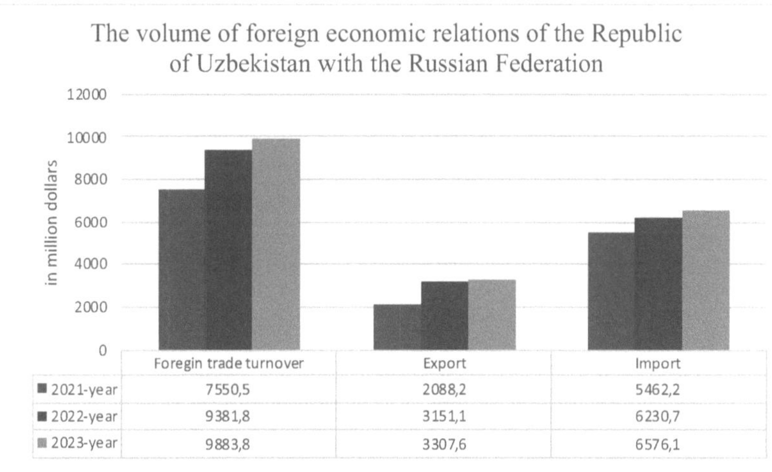

	Foregin trade turnover	Export	Import
2021-year	7550,5	2088,2	5462,2
2022-year	9381,8	3151,1	6230,7
2023-year	9883,8	3307,6	6576,1

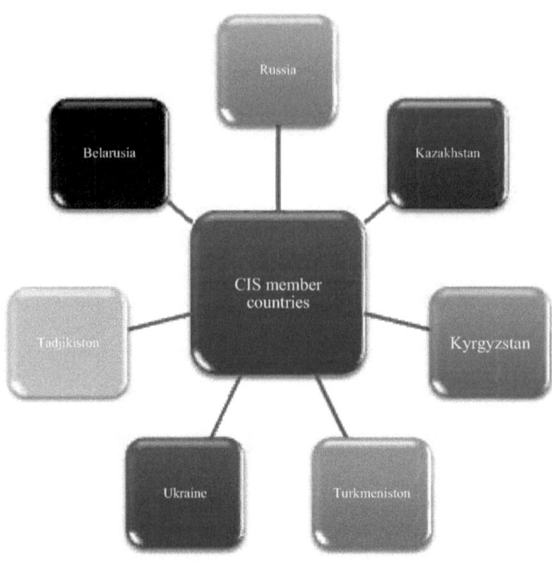
Russia
Belarusia
Kazakhstan
CIS member countries
Tadjikiston
Kyrgyzstan
Ukraine
Turkmeniston

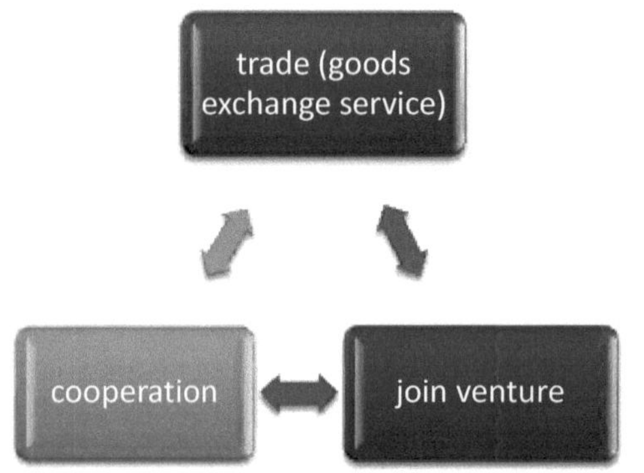
trade (goods exchange service)
cooperation
join venture

ÍNDICE

I want morebooks!

Buy your books fast and straightforward online - at one of world's fastest growing online book stores! Environmentally sound due to Print-on-Demand technologies.

Buy your books online at
www.morebooks.shop

Compre os seus livros mais rápido e diretamente na internet, em uma das livrarias on-line com o maior crescimento no mundo! Produção que protege o meio ambiente através das tecnologias de impressão sob demanda.

Compre os seus livros on-line em
www.morebooks.shop

Printed by Books on Demand GmbH, Norderstedt / Germany